MISSION-BASED MARKETING

An Organizational Development Workbook

Peter C. Brinckerhoff◎著

劉淑瓊◎校譯

許瑞好、鍾佳怡、董家驊、李依璇◎譯

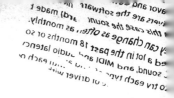

校譯序

　　我的生涯事業曲折離奇，雖是偶然的停駐，卻是我截至目前做最久的一份工作——在銘傳大學傳播學院教了八年的書，社會福利的訓練背景，很自然地在同事的耳濡目染中，開始對非營利組織的行銷與公關產生了濃厚的興趣，並且從指導學生相關議題的論文當中累積了更多的知識。

　　這十年來投身政府公共服務契約委託的研究，貼近觀察，也投身參與各式各樣的非營利組織，眼看著一些有理想有抱負的非營利組織，由於資源不足或流失而「壯志未酬」日漸萎縮；但也看到若干組織因為善用行銷的知識和技術，不僅成功地扭轉社會大眾對於弱勢者的刻板印象，紮實地改變了台灣社會根深柢固的一些觀念，組織更是蓬勃發展——社會知名人士樂於代言、專業工作者良禽擇木而棲紛紛投效、志工人力源源不絕、民眾捐款受到經濟不景氣影響相對較低……，各種事實都顯示在越來越競爭的世界當中，非營利組織要能接受、並實踐行銷的知能，才可以動員更多的資源，完成更多的使命。

　　儘管許多非營利組織的管理者都意識到了應該面對行銷時代的到來，然而，更多人雖然羨慕某些組織的行銷公關成果，但對於它們花俏的宣傳手法、公關人員多於專業服務人員、只見煙火，不見服務績效，或者一味追求更高知名度與募款成效，而和組織承諾的使命漸行漸遠的做法卻議論紛紛，他們對此困惑而反感，從而堅決反對把行銷和神聖的公益事業連在一起。而我也看到了這些一心致力於專業服務的組織，為汲取更多的資源，為教育這塊土地上的人們，很辛苦地撐在那裡。

有鑑於此，2002年我決定在台大開「社會工作與行銷」的課，並且採用Peter C. Brinkerhoff的套書做為主要參考書。這是在網路書店的眾多選擇中讓我驚豔不已的一本書，作者在書名上就表明了他對非營利行銷的核心主張——使命導向，追逐市場的浪頭卻不出賣靈魂，深得我心。許多商學背景者撰寫的非營利行銷書籍或是文章，多一語帶過非營利行銷所運用的原理原則與營利組織並無二致。這種論點雖簡易卻無法說服長期參與非營利組織運作的我，也無法解答反對非營利行銷的人心中的困惑。作者憑藉著深厚豐富的實務經驗，信手捻來都是非營利組織現實運作中貼切生動的例子，加上頗具創意與實用性的實際操作，以及行銷高手輕鬆幽默的筆調，一路讀來就像作者在旁面授機宜、殷殷提醒般，確實是一本有說服力、有用有趣好讀的教科書與工具書。特別值得一提的是，本書作者也顧及了實務工作者的需求，以套書加光碟的方式出版，《非營利組織行銷：以使命為導向》一書側重論述和舉例，《非營利組織行銷工作手冊》則是擷取前書的精華，並附上許多查核表與工作單，讓讀者可以無師自通，從自我檢視與團隊研討當中，擬定貼近自己組織需求的行銷計畫。

雖然非營利組織在台灣已成顯學，雖然大家越來越覺得非營利行銷很重要，但放眼四望，截至本書出版前，台灣卻還沒有一本以此為主題的專書。在一次與剛從柬埔寨當難民志工回來，也修這門課的大四學生許瑞妤聊天中，我提到把這本書翻譯成中文的想法，她靈慧的大眼閃著興奮的光芒，跟我說，「我去找人。」就這樣，瑞妤和她的好朋友台大工商管理系的雷宇翔、台大社工系的鍾佳怡和她的好朋友台大工商管理系的董家驊，以及澳洲墨爾本大學主修行銷、來台大當交換學生的李依璇就組成了一個堅強的團隊。這五位二十出頭的大孩子英文能力有一定的水準，具國際觀，本身自主、自律，也自我負責、相互打氣，在畢業前的

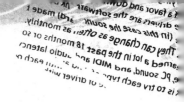

短短三個月卯起來翻譯，眞是教人刮目相看，其中瑞妤和宇翔更是譯書團隊的靈魂人物。

接下來就是我的工作了。在目前學術界處處以SSCI爲標竿，翻譯沒有credit的評鑑機制下，投入很大心力好好譯一本書，校閱一本書，讓更多非營利組織的學習者與管理者不費力地吸收正確的知識，達成更多使命，似乎並不是一件聰明的事。我自己也有教學、研究的本職，因此這本書的校譯工作，就成了這一年每天清晨的早課，和無數小空檔時的必做之事。我的主要任務是逐一比對中英文，把英譯修改得更正確，把涉及社會或醫療專業服務的內容改寫得更精準，把文句順得更流暢，把四個人的筆調拉得更近些，好讓讀者讀來行雲流水、興味盎然，在愉悅中盡情領受書中的哲理、智慧與成功的策略。

這本書能夠完成呈現在讀者面前，要謝謝很多人。首先要謝我在行政院研考會工作時的老闆，也是一生的恩師——魏鏞教授，追隨他工作多年，視野爲之開擴，學到不少知識和本領，更「磨」出了實事求是、鍥而不捨的態度和習性，這對我爲學和翻譯都有很大的助益。其次要謝行銷大師黃俊英教授，也是我在研考會的長官，一路關懷這本書的翻譯進度，獎掖後進慨允寫序。台大社工系系主任、非營利組織管理兼具理論與實務的專家，也是台大非營利組織與社會發展研究室召集人的馮燕教授，和在非營利行銷的實務上令人高度欽佩的喜憨兒社會福利基金會蘇國禎執行長，在百忙中閱讀這本書的初稿，提供高見並撰寫序文，對翻譯團隊來說都是莫大的鼓勵！

剛七轉八折回到社工圈，我對出版社不熟，出版社也不熟我，多虧我的學長東海大學曾華源教授引介，促成美事一椿。爲了提高整本書翻譯素質，對於一些事涉美國文化與生活的部分，好多位國外的友人熱心解惑，都是我要衷心感謝的。此外，玲

君、尹男、惠俐、慧婷、珮珊等幾位學生先後幫了不少忙，讓我可以專注於譯文的校閱。揚智的葉忠賢總經理、林新倫總編輯、潘德育協理和晏華璞副主編更要一謝，一路走來，他們對譯者的體貼沒話說，讓我的校譯工作可以有充裕的時間精工雕琢，所有可以讓這本書更有質感的要求，他們都照單全收，無疑地，這是一次愉快的合作經驗。最後，也是最重要的，謝謝先生陳芳明的支持和女兒幼庭與家悅的貼心！

　　謝了這麼多，還是不能免俗地要說，如果翻譯上有任何疏漏之處，擔任校譯的我責無旁貸，希望讀者能讓我知道，好在下一版（如果有的話）修改過來。

劉淑瓊

謹誌於台大社工系405研究室

2004年8月27日

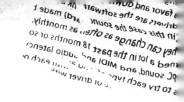

譯　序

　　非營利組織從最早的慈善形象轉變爲企業化經營，已是個不爭的事實，彼此除必須合作，更得在資源有限的環境下激烈競爭，缺錢、缺人總是第三部門工作者琅琅上口的遺憾。潮流如此，現實也是如此。然而，如何在百家爭鳴的時代不只曇花一現、實現各組織的目標，並不是每個組織先天所具備的能力可以達成的。有鑑於此，希望可以將這本《非營利組織行銷：以使命爲導向》及《非營利組織行銷工作手冊》的實用概念帶給大家，增加各組織的能力。

　　作者以數十年與非營利組織工作的經驗，揉合輕鬆幽默的筆調，逐一帶領讀者進入新的行銷視野，並用易於理解的實際例子，分享務實的應用技巧；更體貼的附上工作手冊，化理論爲實際。首先打破過去陳舊的行銷觀點，讓大眾了解行銷不再只限用於營利事業，而是可以更廣泛地被使用，建立品牌、提升形象等過去令第三部門工作者不以爲然的技巧，是讓組織得以更容易達成使命的助力。這些方法往往被忽略，卻是最基本也是最容易支持組織運作的途徑。適當地利用行銷，不僅可以在眾多競爭者中脫穎而出，留住已存在的支持者，也可以吸引更多有心卻苦無門路的潛在顧客。

　　之後，作者不但提供組織變革需要的眼光和動力，又以多方面的裝備提高組織的行銷能力，最後，終於讓行銷在組織中成爲一個完整而永續的過程，來實踐願景。譯完這本書，如同親身走了一遭組織變革的過程，許多時候不禁爲作者的切重要害拍案叫絕，改變行銷哲學和架構時，即使遇上的必然挑戰，也已經被周

到的包含在討論範圍內，並用許多資訊及實踐原則協助組織克服挑戰，作者的用心和遠見可見一斑。感謝工作團隊認真且負責的合作，以及劉淑瓊老師細心的校譯和修正，希望各位讀者也和我們一樣得到許多啓發。

自　序

在1997年出版了《非營利組織行銷：以使命為導向》（*Mission-Based Marketing*）一書後，讀者多表示非常喜歡這本書的實用性——特別是這些可以實際操作的建議。2000年我再版了我的第一本書*Mission-Based Management*，並附上一本工作手冊，這套新版的書和實際操作工作手冊得到讀者相當熱烈的迴響。

當計畫再版《非營利組織行銷：以使命為導向》時，很明顯的也需要一本配套的書，來協助像你一樣使命導向的管理者，完整地實踐那些建議、想法和書中的概念。因此，有了這本《非營利組織行銷工作手冊》的工作手冊，我誠摯的希望它在你致力使貴機構成為、並持續做為一個兼具市場導向及使命導向的非營利機構時，能夠有所幫助。

預祝讀者在閱讀以及應用本書的一些概念時一切順利。依我個人的經驗，以及無數非營利組織管理者的回應，都顯示這些概念是有效的，而且可以讓組織更上一層樓，完成更多的使命。當然，不是每一個概念在每一種情況下，對每一個組織都有效——同樣地，對一個功能不彰的組織，也沒有什麼概念可以像萬靈丹一樣起死回生。但是本書絕大多數的概念和想法，可以在大部分情況下，提供大部分的組織絕佳助益。

關於作者

　　Peter Brinckerhoff是一位享譽國際的顧問、講座和獲獎的作者。他在1982年成立名為Corporate Alternatives, Inc.的顧問公司，並擔任總裁一職迄今，他也在地方、州，及全國不同層級的各非營利組織擔任過工作人員、執行長、董事和志工。

　　Peter共撰寫了九本關於非營利組織管理的書，同時也是整個使命導向管理系列的作者（由John Wiley & Sons出版）。

　　Peter目前和太太及三個孩子住在伊利諾州的春田市。

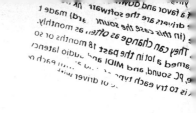

目　錄

1

引言：如何善用這本工作手冊

歡迎！這本工作手冊的目的在提供非營利組織的員工和董事會成員一個實際操作的工具，並且藉著確認市場、挑選出當中最重要的、詢問市場的需要，將組織所擁有的核心能力與市場的需要相結合起來，把全部的心力集中在組織最擅長的事上，並且普遍地提升整體達成使命的能力。這本工作手冊提供讀者最簡單、快速及最有效率的方法，來實踐《非營利組織行銷：以使命為導向》一書中所提出的概念。

第1章要先確定讀者明白如何從對這本工作手冊的投資中，得到最多的收穫。假設你和你的行銷團隊已經讀過《非營利組織行銷：以使命為導向》，最好是第二版，儘管讀過第一版的讀者，也可以在這本工作手冊中發現極大的價值，但他／她可能會對手冊中章節的順序有所困惑，因為這本手冊的順序，是配合第二版有關如何使一個兼具使命導向和市場導向的組織成功的重要準則而重新設計的。

如上所述，我假設讀者想從《非營利組織行銷：以使命為導向》一書中得到更多的收穫，並且希望有一些工具，來幫助你快速且有效率地將書中所提出的概念付諸行動。在這本工作手冊中，有許多實際操作的工具、查核表以及示意圖，好讓讀者可以充分理解書中的觀點，並且儘快地在組織裡順暢地執行這些概念。

為此，我們先瀏覽這本工作手冊的編排及其章節。其次，將提供讀者一些建議，以期發揮這些工具的最佳效果。

第一節　組織

緊接著討論如何帶領團體討論。把這個議題納進來，是有感

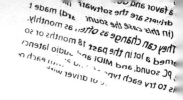

於要落實《非營利組織行銷：以使命為導向》一書當中的想法，最好的方法就是要在團隊中進行。因此，你或行銷團隊中的成員，都將展現許多團體催化功能。如果你是生手，第2章「讓你的團隊上路」將會幫助你跨出第一步，若是你已經有這方面的經驗，它會使你的技巧更加純熟。

第3章「為組織設定基準：一個基線評估工具」將帶到下一步，即設定基準。本書提供一個自我評量的表格，讀者可以根據我所提出成功行銷的要素，逐一檢視貴機構，甚至在各個方面為自己打個初步的分數。在投入許多時間和金錢來執行這些想法之前，記得要先花時間訂定評估基準。這有助於將重點放在組織最不足的地方，並且可以激勵組織裡任何不相信有方法能改善組織的人。

從第4章「組織的彈性」開始，每一章都涵括一個主題，這些主題和《非營利組織行銷：以使命為導向》一書中每一章的順序都是相互對應的。各章的主要內容如下：

1．節錄自《非營利組織行銷：以使命為導向》

首先，我們先簡要地複習《非營利組織行銷：以使命為導向》中的主要概念，不只喚起記憶，同時也強調在這些主題的討論中，什麼是最重要要去考慮的事。而如果行銷團隊中有些成員還沒有讀過《非營利組織行銷：以使命為導向》，這樣的複習也可以使整個團隊能有同樣程度。

2．基線自我評估

儘管你應該已經做過一個整體組織的自我評估，但基於兩個原因，我決定放入更擴展、更針對性的自我評估工具。原因之一是，這些章節中的自我評估，比第3章的那些評估工具更為詳細，

而且它們可以提供你更多得以進步的可能路徑。第二，有些讀者會避開第3章中對於組織全體的自我評估，而只挑那些包含了他們最有興趣的主題的章節來讀。在這裡各章中的自我評估工具，可以讓你將自己的組織作一評分，並綜觀組織的情形。

☞ 實際操作：在我所有的書中，我把很多實務上的建議以☞ 實際操作的符號來顯示，對我的讀者而言，這是再熟悉不過的了。我已經在《非營利組織行銷：以使命為導向》的各章中反覆地提出各種建議，目的在當你考慮對組織採取何種最佳行動時，提供若干思考的素材。這些建議幾乎都是立即可行的，可以幫助你採取一些即時的行動。

3・工作單和查核表

這是每一章的菁華。本書提供一系列的工作單和查核表，好在每一個主題上，帶領讀者走過組織改善的每一步路。許多工作表是直接就可以看懂的，如果不行的話，會加上一些操作指南。有些工作表是獨立的，但很多則是刻意安排順序的，一個建立在另一個之上。這樣的情形，在市場確認和市場規劃這兩個部分特別明顯。

在各章表格及查核表群組的最後，都有一個空白的執行查核表（implementation checklist），協助讀者訂定執行限期，以及指派專責人員。

4・附贈光碟內的表格

大部分的表格在本手冊附贈的光碟裡都有，這個表單列出表次、名稱、頁碼和光碟上的檔案名稱。因為你很可能是和一個團隊一起工作，將會需要多份表格複本，我建議把它們列印或複印

下來，因此我特別許可你的行銷團隊可以因公務用途而複製這些表格。

5‧進階學習資源

通常在我的書中，會把一些資源放在整本書的最後。為了讓讀者能更容易地專注於正在閱讀的主題，並且能在必要時找到更多協助，本書將這些相關參閱資源放在每一章的後面。

第二節　如何使用這本工作手冊

關於如何最有效地使用這本工作手冊，我有四點建議。如果讀者期盼有效率和有效能的成果，那麼以下四項要點就不只是建議，而是規則。

1‧先讀《非營利組織行銷：以使命為導向》

我了解讀者迫不及待要開始閱讀這本手冊，沒有時間再去看《非營利組織行銷：以使命為導向》。不過，這本工作手冊是配合《非營利組織行銷：以使命為導向》一書所設計的執行工具，而不是再完整地重複一次《非營利組織行銷：以使命為導向》裡面所有的背景、事例、理念、推理過程和鼓勵。如果你想要「看懂」的話，先讀那本書吧！

2‧團隊工作

歷經二十年的顧問和訓練，我最喜歡引述Cisco Systems執行長John Chambers的一句話來說明團隊工作的價值，以及廣泛地分享資訊的重要性。Chambers說：「我們當中沒有任何一個人比『我

們』更為聰明的。」在閱讀了這本工作手冊中的概念後，你會在組織中提出興革的建議，有時是很戲劇性的變革，這時就需要一個團隊來加以實現。最好的方法就是，運用這樣一個團隊來決定哪些概念適用於貴機構，並藉團隊之助克服障礙達成任務。團隊成員應該包括組織主要的管理階層人員、董事會的代表、中階管理人員，以及第一線的工作人員。九到十二人是最合適的人數規模，另外獲得特別的意見，也可以加進一些其他專業領域人士，總之，盡可能使這個團隊具有廣泛的代表性。

3・以團體方式進行自我評估

不論是整本書，或是個別的每一章，都會從自我評估開始。把這些評估工具複印給每位成員，讓他們各自填寫，這樣一來可以確保結果的客觀性，減少團隊中較強勢的成員影響整體的評估結果。填完後，再把組員聚集在一起，收集自我評估表格，記錄每一個項目的全距（最高和最低）和平均值。

以團體的方式進行自我評估，提供一個對於手邊議題展開初步（有時候是延伸）討論的絕佳機會，可以很快地發現這個團體裡的各種不同觀點，以及有關該主題有哪些地方需要更多的教育或資訊傳播。

4・訂定可測量的成果和執行限期，並且指派專人負責

每一章表格和清單部分的最後一個表，就是要在這方面幫助你。不論任何活動，如果不訂定可測量的成果，如何確定是否成功呢？若不訂下執行期限，工作就會不斷地擴大，直到占滿所有時間，也就永遠無法完成。另外，除非你明白地告訴某人或某個團體，這是他們的工作，否則永遠是別人的。所以，填寫執行表格，並且落實自己對成果的期待。

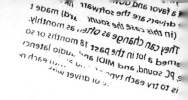

　　這裡還有另一個提示，如果你按著這本工作手冊，做完每一章的執行表格，那麼，透過整理這些表格，並且分送給每一位主要的員工和董事們，貴機構等於已經有一個就緒的「非營利組織行銷：以使命為導向」的行動計畫。接下來你就可以看到這個組織如何一步步朝向你所需要成為的兼具市場導向和使命導向的事業發展。

　　在朝向目標邁進時，我希望你經歷的是在一個舒適的環境中，人手一杯上好的卡布奇諾咖啡，享受美好的時光和很棒的會議，但我知道這並非實況。大部分的讀者所面對的是要在有限的時間與資源內，達成更多的使命要求。可能因此神經緊繃、心煩意亂，並且處在極大的壓力之下，要在短時間內達成顯著的改善。這本工作手冊正是設計給身陷此種困境的管理者使用的。從自我評估開始，清楚地知道自己正處在哪一個步驟中。藉著使用這些表格和工作表，你可以詳細地敘明特定的成果，並且展現出組織改善的進程。工作有時忙到要看自己的身分證才記得自己的名字的程度，根本談不上有什麼創意可言，這些表格和清單能夠有助於集中心思，把你重新帶回正軌。

　　你的組織必須依循著兼具市場導向及使命導向的軌道，這是你自己、你的員工、董事們——以及最重要的——服務的人群，所需要你去成就的。使命永遠是組織的基線，透過運用本手冊所引介的行銷工具，你可以集中資源，以達成更多、更卓越的使命。預祝好運！

2

讓你的團隊上路

這本工作手冊的核心概念，就是要以一個團隊的形式，運用表格、清單和決策樹，來逐步執行《非營利組織行銷：以使命爲導向》書中所提供的點子和建議。雖然任何管理者都應該擁有自己做決策的空間，但是《非營利組織行銷：以使命爲導向》中大部分的概念是需要組織變革——通常是大範圍的改變，以團隊來執行最好。

以團隊方式進行，好處是可以達到整體共識。團隊能改良那些對組織既有文化或財務狀況來說，過於激進而不可行的點子；團隊同時可以分攤工作負荷，並且妥善地解決難題。記得前章所引述Cisco Systems執行長John Chambers的名言嗎？「我們當中沒有任何一個人比『我們』更爲聰明的。」

但是不可諱言，團隊也有缺點，像是拖延行動、否決新點子，或是強迫繼續過去一成不變的方式；團隊可能傾向維護現狀，而把眞的很好、可以強化使命、但是有一點點激進的點子，變成無聊、平淡乏味，而且無法激勵任何人的提議。

因此，身爲一個以使命爲本的組織之領導者，要和團隊一起工作，並從這些成員身上，快速且有效率地得到一些好東西，至少取得一些共識。本章會在這條道路上提供協助。

第一節　節錄自《非營利組織行銷：以使命爲導向》

不，這個標題沒有印錯。我眞的希望你認眞思考得自於《非營利組織行銷：以使命爲導向》的一些點子，因爲這對爲什麼以及該如何推展組織的行銷很重要。

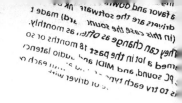

1‧人們有關於組織的資訊越多越好

　　和這本書的其他點子相較，沒有一個點子比這個更和「把人們納進決策程序中，並且將各委員會討論的成果告知他們」息息相關。別試圖一個人完成這些沉重的任務。把組織中各層級的人都納進使命導向的行銷團隊中，並且把這個團隊的進展和討論讓每個人都知道。有些組織會把各工作人員和董事會的紀錄，放在網站上只有工作人員和董事們才能進入的區塊。這麼一來，可以讓所有的工作人員跟上整個組織的動態。

2‧第一線的工作人員是最重要的雇員；管理是一種支持功能

　　你需要用一個倒金字塔的管理模式，在這個模式中，最重要的人員是第一線的工作人員。根據這樣的理念，在執行面，要把第一線工作人員和中階管理層級的代表們都納入使命導向的行銷團隊裡。當然，在其他委員會中也要這麼做。如果第一線的員工很重要，那麼就要積極爭取他們的投入。如果想要從組織內部培養明日之星，那麼就從現在開始！讓他們藉由參與一些較大議題的討論，對組織有更全面的了解（學習如何成為組織領導的一員）。

3‧使命導向的領導者在前方領導

　　是的，我們需要新觀念的加入。是的，我們需要一群人提供不同角度的看法。但是在某些議題上，蒐集完不同的意見後必須要做出決定，並向前邁進。換句話說，就是領導。需要做的決策包括：我們要成為兼具市場導向和使命導向的組織；我們要詢問所有的顧客是如何看待我們的；我們要把每個人都納入行銷團隊

中；我們要把所有的市場都視為尊貴的顧客。一但做出上述的決定，就可以推動整個組織往前走。Max DuPree在他的*Leading Without Power* 一書中，注意到大部分的非營利組織「花過多的時間在尋求共識，而非協議（agreement）」，我完全同意。在有了想法、意見、建議和討論之後，你要做出決定並問大家：「我們將往如此這般的方向邁進，要跟我們一起走嗎？」

第二節　召集並運用使命導向的行銷團隊

1．一個使命導向的行銷的執行程序

使用這本工作手冊時，建議你使用以下的活動順序：

※召集使命導向的行銷團隊

強烈建議你在挑選可能的成員時，要作兩件事。第一，和他們私下聊聊，以了解是否對此團隊有興趣，且有熱情願意幫忙。接著，看看他們有沒有會使他們無法前來開會，或是未能依時間看完指定閱讀的重大工作衝突，要先確定他們會是個優秀的團隊成員。第二，不要只用職稱來挑選成員。要找出最棒的人來參與這個工作，但並不代表一定是那些在行銷和銷售上經驗豐富的人。要確定所找的人，是貼近顧客、了解組織的優勢和劣勢，以及能同時與友善和不友善的顧客相處的人。

※閱讀《非營利組織行銷：以使命為導向》一書中合適的篇章

或許有人想要逐章進行這個活動，也有人想馬拉松式地從頭到尾讀完整本工作手冊，並且從各章中擷取想要優先採用的概念

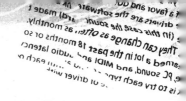

轉化成行動。我認為一次一章地進行，會從團隊中得到比較多的收穫。

※聚會並討論每一章最後的問題討論

每週定期的聚會，可以讓你保持動力。如果一個月的聚會少於兩次，肯定會失去動力。試著在第一次開會時，就敲定往後所有的開會時間，並且最好把每次開會的時間和地點固定下來（例如：每個月第二週和第四週的星期一早上十點）。這樣團隊成員們就可把所有的開會時間先登記在行事曆上，減少和其他事情撞期的情形，此外，也要善用組織內部的電子郵件系統，事前提醒成員們下次開會的時間。

※完成工作手冊中的表格和查核清單

（記住：本書的讀者特別被允許複印這些表格，在附贈的光碟上有這些表格的原始檔案）開會前，要確認複印了光碟上所有的表格，才能在開會時發給每一個成員。可以動點腦筋，讓這些表格變得更適合你的需求，可以在表格中加上組織名稱，或者放進一些特定的服務或市場。

※填寫執行查核表（每一章查核表格的最後一個表格）

有些章節的表格很周延，但也有些章節則需要在執行查核表上多下一點功夫，很多時候你會想到一些不在清單上的改進方法，要確定將這些工作加到完整的執行查核表裡。可以在開會時請行銷團隊中的成員編輯這些表格，然後把更新、更完整的版本列印給每一位成員。

※監督完成工作的進展

過程固然重要，但是成品才是努力的目的。訂下成果、訂下期限、分派責任，然後落實你的期待。同時，你可能希望在整個過程中公開地負起責任：將會議紀錄張貼在網站中只有工作人員才能進入的區域，和他們分享這個團隊到底在做些什麼；用文字寫下可能要做的改變，好讓大家都知道；或是在會議中與每次會議之間，廣泛地徵詢董事們和工作人員的意見，使好的想法能夠在組織中廣泛流傳開來。組織中的其他人會有興趣想知道你的團隊在做什麼（有些甚至會擔心），所以隨時要讓他們知道這個團隊在做些什麼。

3·引導者的原則

大多數的會議需要一個領導者，或是一個引導者（facilitator）。會議的引導者可以是召集這個團隊和會議的人，也可以不是。一位好的引導者，能在有限的聚會時間中，發揮團隊最大的效果。我們先來看看，身為一個引導者該遵守哪些原則，然後再來看看，在實際的會議中，如何應用這些原則（取自Ron Myers，他是紐約一個策略規劃顧問）。

- 對召開會議的目標取得共識。
- 確立會議的時間長度與流程。
- 緊抓主題，不要讓成員岔開正在討論的主題，不然會偏離召開會議的目的，或是無法按原訂時間流程進行。
- 只提供新的意見，已經討論過的提議，或是舊的提案，就不要再重複討論。
- 先專注於基本議題，以及重要的議題，之後再討論細節。

- 一次以一人發言為限。制止私下討論者，好讓與會人員專注於正在說話的人身上。
- 禁止惡意的評論。
- 沉默就代表同意。一個沒有發言的人，代表同意團隊的決議。

　　Ron同時提供了一個可以讓團隊不離題的好方法。在會議桌的中間放一個碗，任何人只要岔題、重複談論之前已經清楚討論過的議題、私下在旁邊講話，或是發表惡意評論者，都要罰錢，丟進中間的小碗（金額不一定，可以是10元或是50元），團隊裡的任何一人都可以舉發違規者，如此將有助於團隊討論的聚焦，被罰的錢則用來買下次開會的點心、飲料。

　　現在讓我們看看這八項原則如何應用在你的團隊中：

(1)謹慎小心地選擇團隊的引導者，由主任或執行長擔任會議主席不一定是最好的，我們需要的是一個能引導團隊向前推進，但同時不至於過度主導團隊的人。如果引導者不是執行長本人，那麼當執行長開始控制整個議程時，這位引導者一定要敢於打斷他的發言。

(2)在開會之前，引導者一定要先讀過《非營利組織行銷：以使命為導向》一書，並且應該要再次把書中的問題討論、工作手冊中的工作單和查核表瀏覽一遍，決定要使用哪些內容，同時也要記下其他對組織來說重要的問題，並且把這些問題印給參與會議的成員。另外，會前要先準備好開會中可能用到的文件（像是政策、使命宣言等等）。最後，引導者要確認有準備一些書寫工具，如：粉筆，或白板、活動掛圖，並決定由某個人來記錄，以寫下這個團隊的工

作。

(3)在每次開會之前，引導者應該要再說明一次會議的時間分配，以及本次會議涵蓋的議題。要討論的問題可以在此時發給與會者，也可以當會議開始時，由引導者簡要地詢問大家，視引導者的個人風格而定。總之不管如何，每個人都應該要對於會議的目的，以及正在討論的主題有共識。時間控制（延長討論的時限）也應該要再度提出，這個主題先前已討論過了，但是再提醒一下各位也無妨。

(4)引導者應該要從「關鍵的理念」（key philosophy）開始，並以每一章最後的「執行查核表」做結尾。這樣的討論才能聚焦，而且有結論。

(5)引導者要鼓勵大家從各個不同層面來討論議題，並且確定每個與會者都有機會發表自己的看法。雖說引導者的原則中有一條叫做「沉默就代表同意」，不過我發現總是有些人會抱持相反的意見，但是卻害怕表達出來。我會這麼說：「看來大家都同意要這麼做，但我擔心的是，我們還沒有正視可能的負面效應。請問，這樣做會帶來什麼不好的後果呢？」然後，我會鼓勵那些似乎每次都和大家意見不一樣的人說點話。剎那間，他或她從一個牢騷滿腹的人，被轉化成一個優秀的管理者，他或她因此得到機會有所貢獻，並且參與最後的決定，而這個人也往往都能提出一些重要的想法，是之前團隊的人都從來沒聽過的。最後，萬一他仍然不願意發表看法，那只好當做是同意團隊的決定了。

努力保持只討論新點子，不要讓成員不斷重複相同的概念，也不要讓他們對「瘋狂的構想」隨意做出惡意的評論，說「這種方法在這裡行不通的」之類的話。用用先前提過的小碗吧！

(6)引導者應該要寫下在團隊中討論出來的決定和想法。我喜歡在畫架上鋪一張新聞用紙，好讓每一個人都可以看到我記錄了些什麼。這麼一來，大家的想法都呈現出來，可以進一步地腦力激盪；也有些引導者會請另一個人來當「抄寫員」，好專心地進行會議，這兩種方式都可以。

(7)在每次會議中，儘可能地討論清單中的問題，越多越好，但要注意別把分配的時間用完了，卻還沒有獲得共識。對於每項議題，要把重點放在：需要做哪些變革或活動以改善組織、誰要來執行這些事，以及適當的完成期限。再提醒一次，在本書每一章都提供了一個執行查核表。

(8)記住，開會時間最好不要超過一個半小時。在每次開會的最後，保留十分鐘來回顧開會的決議、執行的時限，以及該由誰負責執行。把這些訊息寫下來，透過電子郵件或是網站，在二十四小時內寄給每個參與的人。在結束前，提醒大家下次的開會時間以及會前的指定工作。

第三節　進階學習資源

主題：會議的引導與領導
書籍
Working Together: 55 Team Games by Lorraine L. Ukens. Jossey-Bass, 1996. (ISBN 078790354X).
The Skilled Facilitator: A Comprehensive Resource for Consultants, Facilitators, Managers, Trainers, and Coaches by Roger Schwarz. Jossey-Bass, 1994. (ISBN 0787947237).
A Practical Guide to Needs Assessment by Kavita Gupta. Jossey-Bass, 1998. (ISBN 0787939889).
軟體
目前尚無相關軟體，預期不久的將來會有所改善（或許當你看到此書時，就已經有了）。請參考www.cnet.com網站。
網站
boardsource.com www.missionbased.com
教育
以上任何一個網站。 Nonprofit Education：這是北美關於非營利學術方案最完整的網站。去看看這個網站，以取得它所提供最新的網路支援，其內容每月更新一次：http://pirate.shu.edu/~mirabero/Kellogg.html

3

爲組織設定基準：一個基線評估工具

那麼，我們就開始吧！首先，本章提供一個實際操作的基線評估工具，以協助你和你的使命導向行銷團隊，根據《非營利組織行銷：以使命爲導向》一書中所界定成功的組織應有的標準及建議，來對組織目前的狀況進行初步的審視。花點時間，以團體的方式來填寫這些調查，之後，就可以把力氣集中在組織中最值得花時間去努力的部分。

第一節　節錄自《非營利組織行銷：以使命爲導向》

我們要從《非營利組織行銷：以使命爲導向》一書中，最重要的理念出發。建議你在團隊中大聲地朗讀這些理念，並逐一說明。如果你的使命導向行銷團隊都贊同這些理念，那麼出色的變革是可以期待的；然而，如果團隊成員對於這些理念有不同的聲音，需要在開始前就知道，而不是在團隊啓動之後。使命導向的行銷取決於以下五個理念：

1‧組織中每個人每天所做的每件事，都是行銷

這是一個無法迴避的概念。每一個工作人員和志工，都對組織在社區中的形象有所貢獻（或是減損）。行銷是個團隊運動，每個人都在場上比賽。當你的工作人員對於一個零售買賣感到滿意（或不滿意）時，提醒他們，事實上他們感到滿意（或不滿意）的對象，幾乎都是一個拿最低薪水的工作人員所做的事，而非執行長或行銷總監。

2‧一切都和需要有關，而不是需求

在非營利部門，我們常會自以爲滿足了社區的需求而自我讚

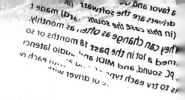

許。這樣做當然沒關係，但是要時常記得，為了要讓人們得到他們所需求的，我們得要用他們想要的方式給他們。每個人都有需求，但每個人都追求需要，不要把兩者混為一談。

3·不斷地詢問，然後聆聽

為了要找出人們的需要，我們必須要詢問，而且要經常地詢問。在行銷的領域中，最常犯的錯誤（除了把需要和需求搞混之外）莫過於說出這樣的話：「我在這個領域已經二十年了，我知道人們需要什麼。」真實的情形是：沒有人知道任何其他人的需要，除非經常地詢問他們。人們是很善變的，他們的需要常常改變。要詢問他們，並且確定自己有聽到他們的需要是什麼。

4·顧客的問題不只是問題，而是危機

我們要從顧客的角度來看待事情，對我們為他們所做的事，抱持著感同身受的急迫感。我有一位朋友，是位心臟病專家，他提醒他的員工說：「要記住，我們在這裡每天都在做的事，是我們的病人一生一次的經驗。」這是個很好的忠告。賦予員工行動的能量，讓他們秉持同情心和專業，快速地解決問題。在我們工作的世界裡，幾乎所有進出機構大門的人，多少帶著某些問題。即使我們每年都要看上一萬個類似的人，但他們每一個人都還是應該被當做是個獨一無二的個體來對待，並且要敏銳地察覺他們急切的需要和需求。

5·價格和成本不相關，而是和價值有關

如果人們只在意價格的話，那麼就不會有勞斯萊斯汽車、頭等艙的機票和 Ritz-Carlton 飯店了；也沒有人會花 50 美元看一場棒球季賽，或是花 5,000 美元買一個二手傢具（一般稱之為古

董），但是真的有些人（包括你我）會這麼做。為什麼呢？因為我們認為這項產品或服務有那個價值。換句話來說，從這樣的交易中，我們滿足了需要。那麼，你的組織提供給客戶、資助者、工作人員和志工的又是什麼樣的價值呢？記住，價值永遠是從顧客的角度來衡量的。

第二節　基線自我評估

要規劃未來，必須先知道現在身處何處。設計這些自我評估的目的在協助你、你的工作人員和董事們，根據我在《非營利組織行銷：以使命為導向》書中所提出的建議和想法，來診斷組織目前的情形。本書中每一章都附有這一部分。

運用此一自我評估工具的方式甚多。其中最好的方式之一是邀請貴組織主要高層領導人員參加工作坊，或是共識營；也可以在使命導向行銷團隊的第一次開會時使用。會中讓每個成員人手一份自我評估表格，以及一本《非營利組織行銷：以使命為導向》。會議開始先進行組織的自我評估（必要時可參考書本），邀請大家公開地討論，鼓勵他們誠實、公正地評估組織，不要壓制任何負面的評估，畢竟沒有一個組織是完美的。在自我評估的討論中，可以在掛圖架或黑板上夾一張海報紙，引導者在上面寫下若干評語，並標明需要特別關注的地方，也可以為組織打個分數，看看哪一部分最需要加強。萬一在某部門的評分很低，也不用驚慌，正好可藉此設定一些短期改善的目標。

記得每個重要項目都要指派專人追蹤。每個項目都應該設定一個時間表，上面記載著：最優先處理的項目、每一單項的負責人，以及各項目採取重要行動的日期。這個清單將成為此次會議

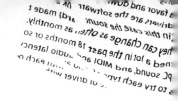

的成果——就是組織的領導者們，透過此一自我評估診斷出各個需要改善的部分後，決定要採取的行動。

【指引】完成每一部分的自我評估（**表格3-1**到**表格3-9**）。於每一個問題右邊有數字的框框中圈選答案，然後把「是」和「否」兩欄中，所圈選的分數縱向加總，把結果寫在每一個主題合適的框框中，分數可能是正分、負分或是零分。舉例來說，如果你在「使命宣言」的第一個問題答「是」的話，會得兩分，如果答「否」會得負二分。一個「完美的」使命分數是十三分，如果全部都是「否」的話，就只能拿到負五分。

表格3-1　自我評估——彈性（第4章）		
	是	否
我們現在的服務內容和服務方式和三年前都一樣嗎？	2	-2
變革會被視為改善的契機，而不是對現狀的威脅嗎？	3	-1
組織在過去三年的每一年都有盈餘嗎？	3	-1
至少收入的5%是可彈性運用的嗎？	2	-1
我們是否關心在服務上的經常性小幅改善？	3	0
得分 （直欄分數加起來寫在這）→		
總分——使命 （把兩欄的得分加起來寫在這）→		

FORM0301.DOC

表格3-2 自我評估──行銷循環（第5章）

	是	否
在發掘市場需要之前，是否有先確認我們的市場是哪些？	3	-3
知道本機構的三個主要（標的）的付費者市場嗎？	3	0
知道本機構三個主要（標的）的服務市場嗎？	3	0
我們有以這些市場的需要爲前提，來考量如何提供服務嗎？	3	-1
是否從滿足顧客需要，而不是需求的角度，來推銷服務或產品呢？	2	-1
我們是否陷在需求評估的單一模式中，還是有眞正去考量服務接受者的需要？	3	-3
是否每六個月就去檢視一次那些我們能控制的價格？	2	0
有沒有針對行銷努力進行評估？	3	0
得分 （直欄分數加起來寫在這）→		
總分──行銷循環 （把兩欄的總分加起來寫在這）→		

FORM0302.DOC

表格3-3　自我評估──確認市場（第6章）

	是	否
知道我們所有的資助者市場是誰嗎？	3	-1
知道我們所有的轉介者市場是誰嗎？	3	-1
知道我們所有的服務接受者市場是誰嗎？	3	-1
我們有沒有在上述三個領域中，發展至少二到五個目標市場？	4	-2
我們有沒有指派行銷團隊中的成員，在各個目標市場成爲主要的聯絡人／專家？	3	-1
有沒有蒐集各個內部和外部市場的基線資料？	2	-1
我們有沒有定期檢查目標市場有哪些改變？	3	-1
得分 （直欄分數加起來寫在這）→		
總分 （把兩欄的總分加起來寫在這）→		

FORM0303.DOC

表格3-4　自我評估──競爭對手（第7章）

	是	否
有沒有指認出我們在每個目標市場的競爭對手？	3	-1
有去研究過競爭對手的優勢嗎？	2	0
有去研究過競爭對手的劣勢嗎？	2	0
我們和競爭對手都把重點放在同一個目標市場嗎？	2	-1
我們有沒有向董事們、工作人員、賣東西給我們的人，以及資助者，詢問過關於競爭對手的事呢？	3	-1
我們是否把競爭視為一件本質上很好的事情？	4	-1
得分 （直欄分數加起來寫在這）→		
總分 （把兩欄的總分加起來寫在這）→		

FORM0304.DOC

表格3-5　自我評估──詢問你的市場（第8章）		
	是	否
是否至少一年一次，詢問付費者對我們的滿意度如何？	3	0
是否至少一年一次，詢問服務對象對我們的滿意度如何？	3	0
是否至少每十八個月詢問一次工作人員的工作滿意度如何？	3	0
是否至少每十八個月詢問一次董事會的滿意度如何？	3	0
我們機構有沒有詢問的文化？	2	-1
是否有訓練工作人員如何詢問及聆聽？	2	0
得分 （直欄分數加起來寫在這）→		
總分 （把兩欄的總分加起來寫在這）→		

FORM0305.DOC

favor and dow___
drivers are the softwar___ rk b___
in this case the sound___ ard) made t
ney can change as often, as monthly.
ned a lot in the past 18 months or so
pC sound, and MIDI an___ audio latency
s to try each typ___ ___ ___ ___ each o___
___ ___ of driver wit___

表格3-6　自我評估——行銷素材（第9章）

	是	否
我們是不是只把重點放在一個多功能的小冊子上？	-4	2
有沒有專為我們的三個主要付費者市場而設計的標的素材呢？	3	-1
有沒有針對我們的三個主要服務市場而設計的標的素材呢？	3	-2
有沒有專為轉介來源而印製的素材？	3	-3
是否至少一年一次重新檢閱和更新所有的行銷素材？	3	-2
所有的行銷素材是否有印上聯絡人姓名、電話、網站，和電子郵箱等資訊？	4	-3
我們有沒有自己的網站？	5	-5
是否至少每三十天檢查一次組織網站的瀏覽人數？	2	-2
我們的網站是否有為董事們、工作人員，和服務接受者的教育設計專區？	3	-2
我們有沒有在訓練員工如何設計並印製行銷素材上投資？	4	0
得分 （直欄分數加起來寫在這）→		
總分 （把兩欄的總分加起來寫在這）→		

FORM0306.DOC

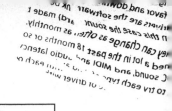

表格3-7　自我評估──科技與行銷（第10章）

	是	否
有沒有建立捐贈者、往來人士、支持者和資助者的電子郵件群組？	3	-1
有沒有設計、編輯、修正、更新和印製我們自己的行銷素材？	3	0
有沒有提供那些需要電話／呼叫器的工作人員所需的機具，以隨時保持聯絡？	3	-3
有沒有經常地就網站的內容、外觀和容易上手的程度等指標，和其他同行組織的網站相比較？	2	-1
我們有沒有線上會務通訊？	2	0
是否可以透過組織的網站接受外界捐款？	4	-3
潛在的志工能否透過網站和我們聯絡上？	1	-1
我們有能力透過網站做調查（蒐集資料）嗎？	1	-1
上班時間有沒有專人接聽來電？來電者在被轉到自動語音系統之前，是否有專人接聽？	3	-5
機構是否提供每位工作人員語音信箱？	3	-1
得分 （直欄分數加起來寫在這）→		
總分 （把兩欄的總分加起來寫在這）→		

FORM0307.DOC

表格3-8　自我評估——一級棒的顧客服務（第11章）

	是	否
所有的工作人員每年是否至少接受兩個小時的顧客服務訓練？	3	-2
我們是否訓練員工對每位服務對象都要有感同身受的急迫感？	3	0
員工是否了解每個人都是顧客，包括資助者？	2	-2
有沒有告訴工作人員，顧客雖然不一定總是對的，但是他們永遠是顧客，因此現在就去解決他們的問題呢？	2	-1
有沒有授以員工去解決這些問題的權能呢？	3	-2
我們是否把重心放在顧客滿意度，而不只是顧客服務呢？	2	0
得分 （直欄分數加起來寫在這）→		
總分 （把兩欄的總分加起來寫在這）→		

FORM0308.DOC

表格3-9 自我評估——行銷規劃（第12章）

	是	否
我們有沒有近程的行銷計畫（三到五年）？	3	-1
董事會和工作人員有沒有參與此一行銷規劃過程？	2	-1
有沒有在組織內外宣傳這個行銷計畫？	3	-1
有沒有將服務對象、資助來源和社區納入規劃過程？	2	-1
有沒有在工作人員和董事會的會議中，定期地檢視行銷計畫的執行？	2	0
我們的行銷目的和目標是否為組織策略規劃的一部分？	2	0
我們的行銷計畫有沒有陳述組織的目標市場、核心能力，以及計畫如何去滿足市場的需要？	3	-2
得分 （直欄分數加起來寫在這）→		
總分 （把兩欄的總分加起來寫在這）→		

FORM0309.DOC

表格3-10　自我評估──得分總表		
指引：重新檢查先前各表格的得分，填入這個表格中，並把總分加起來。		
領域	你的得分	可能的得分
彈性		13
行銷循環		22
確認市場		21
競爭對手		16
詢問你的市場		16
行銷素材		32
科技與行銷		25
一級棒的顧客服務		15
行銷規劃		17
自我評估的總得分		177

FORM0310.DOC

　　記住，這只是一項初步的評估。用途之一在於把貴組織內對行銷的共識完全發揮出來，同時也是讓你對於之後幾章要談的內容有個初步的了解。讀者可以運用這本手冊的其他部分，更詳盡地探討每一個領域。本手冊也將在每個主題中，提供若干建議和清單以協助讀者改善你的得分，好讓貴機構在成爲市場導向的同時，仍舊堅守使命爲本。保留一份這個分數，當你使用完這本工作手冊時，可以回頭再做一次評估，相信會有長足的進步。

第三節　附贈光碟內的表格

表格名稱	表格號碼	工作手冊頁數	檔案名稱	檔案格式
表格3-11　附贈光碟內的表格				
自我評估——彈性	3-1	23	FORM0301.DOC	Windows的Word
自我評估——行銷循環	3-2	24	FORM0302.DOC	Windows的Word
自我評估——確認市場	3-3	25	FORM0303.DOC	Windows的Word
自我評估——競爭對手	3-4	26	FORM0304.DOC	Windows的Word
自我評估——詢問你的市場	3-5	27	FORM0305.DOC	Windows的Word
自我評估——　行銷素材	3-6	28	FORM0306.DOC	Windows的Word
自我評估——科技與行銷	3-7	29	FORM0307.DOC	Windows的Word
自我評估——一級棒的顧客服務	3-8	30	FORM0308.DOC	Windows的Word
自我評估——行銷規劃	3-9	31	FORM0309.DOC	Windows的Word
自我評估——得分總表	3-10	32	FORM0310.DOC	Windows的Word
附贈光碟內的表格	3-11	33	FORM0311.DOC	Windows的Word

FORM0311.DOC

第四節　進階學習資源

主題：自我評估／一般管理
書籍
The Drucker Foundation Self-Assessment Tool: Process Guide by Peter Drucker, Gary Strern, and Francis Hesselbien. Jossey-Bass, 1998. (ISBN 078794436X). *Evaluation with Power: Developing Organization Effectiveness* by Sandra Trice Gray. Jossey-Bass, 1997. (ISBN 0787909130). *Reengineering Your Nonprofit Organization: A Guide to Strategic Transformation* by Alceste T. Pappas. John Wiley & Sons, 1995. (ISBN 0471118079). 上述都是關於非營利部門的期刊，當中有些部分是討論關於行銷或發展的主題。可以找這些書來看，也可以在下列網站訂購： www.nptimes.com www.boardcafe.org www.philanthropy.com 你也可以訂閱我每個月發送的免費電子會務通訊，每一期裡面都會有些關於行銷的小祕訣。發送一封電子郵件到subscribe@missionbased.com就可以了。
軟體
還沒有看到這方面的軟體，繼續尋找。
網站
Andey Lewis關於非營利詳細的自我評估，是以the Learning Institute的八部分組織課程為基礎，包含一些我的著作在裡面： www.uwex.edu/li/learner/assessment.htm 線上自我評估的工具：原本是為housing設計的，但有很多是大多數非營利組織可以應用的： www.ruralhome.org/pubs/workbooks/saworkbook/contents.htm

主題：自我評估／一般管理（續）

網站（續）

關於非營利常見問題回答部分的自我評估——相當不錯：

www.nonprofits.org/npofaq/03/26.html

免費的管理圖書館——這個網站有意想不到的既深又廣的資源，在此僅列出有關行銷的連結，讀者可以上網廣泛地瀏覽。

www.mapnp.org/library/mrktng/mrktng.htm

有關以成果為基礎的評估之免費管理網站：

www.mapnp.org/library/evaluatn/outcomes.htm

這個網站有關行銷的內容相當豐富精彩，包括書籍、課程及錄音帶：

http://nonprofitexpert.com/marketing.htm

線上課程

Nonprofit Self-Grassroots MBA：這一套線上的課程，是為了讓你可以用自己的進度學習而設計的，而且它涵括了各種管理的技巧，包括行銷：

www.mapnp.org/library/mgmnt/mba_prog.htm

Nonprofit Education：這是北美關於非營利學術方案最完整的網站。去看看這個網站，以取得它所提供最新的網路支援，其內容每月更新一次：

http://pirate.shu.edu/~mirabero/Kellogg.html

4

組織的彈性

第一節　節錄自《非營利組織行銷：以使命爲導向》

　　這一節是《非營利組織行銷：以使命爲導向》一書中第四章裡，最重要的一些內容，目的在於提醒你和你的行銷團隊，爲了滿足許多不同市場不斷改變的需要，就要保持自己的彈性——個人和組織皆是如此。

　　關於改變的重點（也是個祕訣）：

　　真正發揮作用的改變，是由日復一日穩健的微小改善積累而成的，而非那些大幅的重整。這些小改變不僅是較有效率的，同時對於工作人員和董事們來說，也比較容易接受和適應。

　　換句話來說：

　　漸進式改變（incremental change）是比較不痛苦的。痛苦少一點就等於抗拒會低一些。

　　爲什麼呢？因爲如果組織是市場導向的，如果持續不輟地去詢問並聆聽建議，那麼針對每一項主要的改變，你大概會聽到一千個如何讓顧客更滿意的小建議。如果一天改變1％的話，一百天或是一年過了三分之一後，整個組織將會煥然一新——但必須要在你的工作人員能適應並接受的步調下進行。穩健的改變正是祕訣所在。

　　我們的身體與生俱來就是具有彈性的，只是隨著年齡增長，

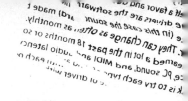

慢慢失去了彈性，如果我們還想像孩童般做柔軟的動作，大概就要被送進醫院了。隨著年齡的增長，我們必須刻意努力去保持彈性，否則就會失去它，這將是很不利的。

心理上，我們也可能變得沒有彈性。不繼續學習，不繼續思考新方法或新的作業方式，我們的心智成長停頓，就像我們的肌肉、肌腱和關節沒有兩樣。當你聽到自己說（或是腦中在想），「哈——那些新的東西一點也不吸引我，我們現在做得很好啊！」時，那你應該就要有所警覺了。有時候所謂的「新東西」是令人質疑的，但往往還是可以在其中找到若干進展的。就算當一個全新的點子、處理程序或規則未必完全適用於你的組織（有些或許可以），經常性地研究與閱讀不但可以幫你動動腦筋，還能學習對日後也許有用的新事物，這些都是很重要的。要對抗心理的僵化！

組織也一樣會變得沒有彈性。我們喜歡投資在建築物上，一種我稱之為「大廈情結」（"edifice complex"）的症狀。此一症狀是當我們將許多資源用在置產之上時，大樓彷彿就等同於組織。我們變成生產導向，而產品就是我們在那幢大樓裡所做的事。如果我們有教室、住院病床或展示空間，甚至是辦公室，那麼我們似乎就應該去把它們填滿——不管市場是想要什麼東西進到這些空間裡。

「仰之彌高，鑽之彌堅」是一句古老的諺語，很貼切的點出我們對所處世界的感受。沒有任何人有辦法跟得上他們專業或是工作場所的改變，也無法跟得上流行、運動、音樂、科技、娛樂、政治、國內的、國外的和國際事件中的改變。因此，我們會高舉雙手大呼「超載囉！」，然後為自己找不去注意這些事情的藉口。

在「往日時光」裡，你可以找許多理由不去面對，因為你是非營利組織，而且當時的改變比較緩慢，最重要的是，組織或許

擁有相對的或實質上的獨占，因此就算組織不夠出類拔萃，人們多半不會太去計較。職是之故，能否調適「外在」世界的改變，並不是那麼重要。你大可以用自己更悠閒（或是比較「專業」）的步調來適應改變。你還記得嗎，當年的律師和醫生，曾經嚴厲斥責那些使用廣告的同行嗎？他們被批評為不得體、不專業。可是現在滿街上都看得到律師事務所、醫療團隊、診所、醫院甚至開業醫師的巨幅廣告看板。而那些堅持不打廣告的，不是已經被淘汰，就是被對手買走了。

在這裡我想要強調兩點。首先是改變的步調。隨著可取得的資訊大量增加，通訊的速度以及我們一般的生活節奏，都變得越來越緊湊。第二，是高度競爭的環境。你的組織可能已經置身其中，或是正要進入，不管如何，你和你的組織都無法迴避。想像一下你在一個大機場裡，穿過一個寬敞的中央大廳要去登機，突然間你遇到了電動步道，被人潮簇擁著上了去，你才剛趕上腳步，步道就平穩地加速，你幾乎已經在跟它賽跑了。周遭的事物很快地就從你旁邊經過，幾乎來不及去看清楚他們，而走道的盡頭非常快就到了。這就是從一個非競爭的環境到高度競爭的環境，從過去較慢的步調到現今的快速步調的轉變。

第二節　基線自我評估

【注意】表格4-1的自我評估，其中包括一些第3章已回答過的問題，另外加上一些新的問題，請填寫並盡最大的努力為自己的組織評分。可能的話最好以小組的方式來進行評估，或是各自填寫，然後再把每個人的資料彙集起來。

在檢視貴機構的彈性時，要記住，彈性的概念是要對變革抱

表格4-1　彈性的自我評估

	是	否
我們現在的服務內容和服務方式和三年前都一樣嗎？	2	-2
變革會被視爲改善的契機，而不是對現狀的威脅嗎？	3	-1
組織在過去三年的每一年都有盈餘嗎？	3	-1
至少收入的5%是可彈性運用的嗎？	2	-1
我們是否關心在服務上的經常性小幅改善？	3	0
有沒有就如何改善服務，經常地詢問顧客（各種顧客，包括內部的、外部的、資助者和服務接受者）？	2	-1
有沒有好好地聆聽並認眞地看待這些意見？	4	-2
我們是否珍視並鼓勵冒險？	3	-2
我們是否公開地把服務的變革和使命的改善劃上等號？	2	-1
當我們做一些變革時，有沒有避免去批評過去？	2	0
得分 （直欄分數加起來寫在這）→		
總分──彈性 （把兩欄的得分加起來寫在這）→		

FORM0401.DOC

分數分析：

20-26　極佳

14-19　很好

12-18　普通

低於12──需要進一步地檢討貴機構的彈性。

持開放的態度，而非對市場上任何新奇的想法，都毫不考慮地全盤接受。以組織的使命宣言和價值觀爲依歸，好讓你保持在正確的軌道上。

a favor and con...
drivers are the software ...
(in this case the sound ...rd) made t
They can change as often, as monthly.
...rned a lot in the past 18 months or so
, PC sound, and MIDI and audio latenc
is to try each typ... ...d ...with each o...
...e of driver with

第三節　工作單和查核表

表格4-2詳列出一些可用以改善組織彈性的方法。

表格4-2　彈性的查核表	
Y	檢視組織的彈性，並問下列的問題：
	我們如何能鼓勵大家更具彈性？
	在努力達成組織使命的同時，是否鼓勵冒險？是如何鼓勵的？該如何做得更多？
	我們該怎麼做才能在財務上有更多的彈性？有可能提高可動用的淨收入嗎？我們手上有沒有足夠的現金，或是可取得現金的方法？
	我們的董事們對於變革、風險和彈性的看法爲何？
	有什麼外在的障礙限制組織的彈性嗎（像是資助者的法令和規章）？這些障礙是什麼？我們可以如何應付這些障礙呢？
	特別是在過去三年，我們機構有什麼變革嗎？（可以看後文的實際操作，尋找一些靈感。）可否列舉若干變革的實例，以説明組織因此向前邁進的事實？
	當顧客給我們一些改善和變革的建議時，我們有眞的聽進去嗎？
Y	詢問工作人員，可以如何增進組織聆聽各個不同市場的技巧，同時尋求一些讓組織內部更具彈性的意見。
Y	與董事們和工作人員見面，和他們討論你的發現，並討論必要的變革。
Y	組織的使命宣言應該無所不在：在牆壁上、行銷素材上、工作人員名片的背面、螢幕保護程式上、年報上，以及董事會和員工會議的桌子上。這可以讓你避免只是對於任何或所有市場的改變都做出反應，可以幫助組織忠於使命。

❧ FORM0402.DOC

可用**表格**4-3寫下從表格4-2的查核表中擷取的該做的事。

表格4-3　執行查核表

主題：彈性

可測量的成果	截止日期	負責的小組或負責的人

FORM0403.DOC

第四節　實際操作

　　以下是《非營利組織行銷：以使命為導向》一書的第4章中，
☞實際操作的點子：

☞**實際操作**：為了凸顯出組織近期做了多少改變，可以和工作人
　員與／或董事們一起做個練習：回顧五年前的組織。如果還保
　存著圖片、政策、工作人員名單、董事會名單、行銷素材、決
　算表，或是年度報告，那就來做個今昔對照。具體地觀察以下
　幾項：

- **規模**：組織的收入和五年前比較如何？
- **方案**：現在有更多的方案嗎？現在提供的方案和以前有不同嗎？怎樣不同？
- **地點**：有搬過家嗎？這當中有買過或賣過大樓嗎？
- **工作人員**：新增了多少工作人員？五年前的工作人員有多少人至今還在崗位上？
- **董事會**：董事會裡有什麼改變？
- **政策**：組織的人事政策、財務政策、品質保證政策，和組織內部章程有改變嗎？
- **資助者**：經費來源的組合（funding mix）是怎樣的？和五年前相較，有從不同的地方得到贊助嗎？在會計核銷與績效報告上有任何改變嗎？審核與監督機制呢？
- **科技**：現在用的電腦、軟體、手機、傳真機、網際網路都和五年前的相同嗎？你們組織的網頁改變了多少呢？兩年或五年前，有自己組織的專屬網址（URL）嗎？

當你們一群人以團體的方式回答這些問題時，你會發現其實組織在這當中改變了很多。談談這些改變吧！有些是很容易的，有些卻是痛苦的，但要強調的是你的組織在很多方面曾經經歷過成功的蛻變，在未來一定也可以做得到。

☞**實際操作**：拿出你最近一期的損益表和一個計算機。將固定資產除以資產總額，看看組織的固定資產比例是否占資產總額的75％以上？接著，再看看現金（或與現金等值者），有沒有超過六十個營業日的營運資金？如果你有太多固定資產但現金卻短少，那麼想要在市場上快速因應變動，將會遭遇到困難。

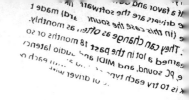

☞ 實際操作：試試這些改變：

低衝擊

- **改變信紙的信頭**：用不著現在就改變，但當你的庫存用完時，就用這招。不是要去改變商標或整個外觀（或許也差不多是時候了），而是換個位置或是換個顏色之類的。我知道這可能需要在名片與其他印刷品上一併做改變，但它們是可以一步步來的。

- **重新粉刷牆壁、更換壁紙、鋪上新地毯**：不要覺得改變一下外觀是不重要的事，如果經費夠，不妨額外給工作人員補助，請他們美化一下辦公室的牆壁。

- **電腦軟體升級**：大部分的軟體都會定期升級，而且當中有許多軟體可以直接從網路下載更新。如果目前使用的軟體很實用卻不是最新的，可以將它們升級。通常這麼做不會太貴，有時甚至是免費的，而且在升級後，會變得更加有生產力。

- **重新考慮會議時間表安排**：有必要每個禮拜都開員工會議，或是每個月都要開一次團隊會議嗎？開會的場地、時間和內容都合宜嗎？問問那些定期參與會議的員工，然後照著他們的建議去做改變。

- **從你自己的環境開始**：移動一下你自己的辦公室的傢俱、添個植栽、拿掉一幅畫、買個新馬克杯、每天換個不同的地方吃午餐、走不同的路上班。就在我撰寫這本書的第二版時，我把辦公室的擺設做了一些改變——我承認——這是五年來的唯一一次。這項舉動對我的上班態度所產生的正面影響，簡直是不可思議（我喜歡來上班！），這個經驗讓我下定決心要多做一些這種改變。讓自己習慣於不同、適

應、改變,並帶領你的員工跟著你這樣做。

高衝擊

- **換辦公室**:哇!這可是茲事體大。也許換個辦公室地點,可以幫助另外一群人,或者更有助於溝通及有效的督導,或是更接近服務對象。
- **改變頭銜**:從你自己的職稱開始。也許你想要把組織轉換成「公司的型式」,在這個模式中,執行總監(executive director)變成執行長(CEO),而其他的總監們則變成副總裁,或許現在正是付諸行動的時候。
- **重新安排組織圖**:不要只是為改變而改變,如果組織需要重整的話,不要再遲疑,現在就著手去做吧。也許這是一個組織全面的重組,也或許只會影響到幾個人而已。
- **改變委員會的組成**:在工作人員的層級上,要這麼做很容易。我總是鼓勵組織的委員會,有來自各個階層的代表參加,不論是縱向的或是橫向的。換句話說,從管理的各個階級或組織的各個部分開始改變。如果你不曾這麼做,那麼現在就開始吧。如果已經做了,那麼就把一些工作人員從一個委員會調到另一個去(如果他們本身有任何的偏好,當然要先問問他們)。在董事會的層級上,跟董事長討論籌組一個急迫需要的新委員會,或是改變已存在的委員會的職掌,或是改變/輪調董事會成員,甚至更換負責特定委員會的工作人員。

第五節 附贈光碟內的表格

表格4-4　附贈光碟內的表格				
表格名稱	表格號碼	工作手冊頁數	檔案名稱	檔案格式
彈性的自我評估	4-1	41	FORM0401.DOC	Windows的Word
彈性的查核表	4-2	42	FORM0402.DOC	Windows的Word
執行查核表	4-3	43	FORM0403.DOC	Windows的Word
附贈光碟內的表格	4-4	47	FORM0404.DOC	Windows的Word

FORM0404.DOC

a favor and dow...
drivers are the softwar...
in this case the sounc...
hey can change as often, as monthly.
ned a lot in the past 18 months or so
PC sound, and MIDI and audio latency
s to try each type...
...or driver with...

第六節　進階學習資源

主題：彈性
書籍
Change-ABLE Organization: Key Management Practices for Speed & Flexibility by William R. Daniels and John G. Mathers. ACT Publishing, 1997.
軟體
據了解還沒有這方面的軟體，繼續尋找。
網站
與變革有關的免費管理圖書館網站： www.mapnp.org/library/org_chng/org_chng.htm
線上課程
Nonprofit Self-Grassroots MBA：這一套線上的課程，是為了讓你可以用自己的進度學習而設計的，而且它涵括了各種管理的技巧，包括行銷： www.mapnp.org/library/mgmnt/mba_prog.htm

5

行銷循環

第一節　節錄自《非營利組織行銷：以使命爲導向》

　　行銷循環確實是一個讓組織得以持續改善服務和產品的好方法。照著本書有關使命導向的行銷之概念來做，將有助於組織成功地在成爲市場導向的同時，仍堅守使命導向。

有用的行銷循環

　　大部分的人好像都認爲，行銷循環是從產品或服務開始的。如果我知道自己在銷售什麼，那這套理論似乎可以成立，我的確是從那一點開始，接著我可以決定要怎麼去銷售、賣給誰、如何說服，以及怎麼定價。但是如同這一章一開頭提到的，這樣的想法大錯特錯。行銷不是從產品或服務開始的，行銷是從市場開始，也就是你試圖想要推銷或服務的那群人。如果你從決定你要服務誰開始，接著詢問這些人的需要，然後對他們的需要做出回應，這才是行銷。如果是從一個產品或服務開始，問「我要如何才能將這個超棒的產品或服務賣給那些人呢？」，那你就注定只能有短暫的成功，而且還只是在你是個超級推銷員的狀況下。

　　行銷（動詞）必須從市場（名詞）開始，才會有長期的效果。同時，藉著以正確的順序舉辦適當的行銷活動，可以改變你的組織對市場的看法，最終市場也將改變對組織的看法（希望是更正面的看法）。以下要討論的行銷循環，可以用於新產品與新服務，也可以用在改進已經存在的產品與服務。這在人群服務、藝術、教育、宗教、環保運動、法律協助等議題上都適用。它會有用，是因爲行銷循環的精髓在於對人們的需要敏銳，而不是需求，它永遠把需要放在第一位。

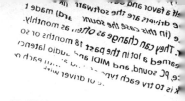

　　我們現在就來檢視這個行銷循環。**圖5-1**是以最純粹和簡單的方式來呈現這個循環，這也是可以跨科際運用的一般型式。

　　就如同你所看到的，這個循環是從確認目標市場開始，詢問市場的需要，從而依此設計或修改你要提供的產品或服務。整個循環中都看不到「需求」這個字眼，從第2章讀者可以了解：需求不同於需要，人們要買的是需要，不是需求。

　　現在我們把這個循環拆開來一項一項檢視，詳細地討論每一點，然後再把它重新組合起來，然後看看它在非營利組織上有哪些實際的應用。

※市場定義及再定義

　　這一個步驟聽起來很基本，以至於經常被忽略（參見**圖5-2**）。但在行銷當中第一個要問的問題就是，我要服務誰？要銷售

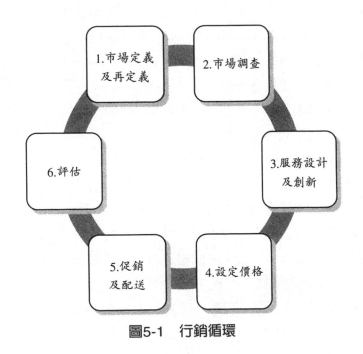

圖5-1　行銷循環

```
┌─────────────────────┐
│                     │
│    1.市場定義        │
│    及再定義          │
│                     │
└─────────────────────┘
```

圖5-2　市場定義

的對象是誰？有多少人？他們在哪？以一個團體或市場來說，他
們的數目是在成長還是在減少？當你開始思考這些問題時，千萬
不要被捲入我所謂的「人口普查的陷阱」（"the census trap"）。當
你把整個地理位置裡所有的人口當做是你的市場時，就已經困在
人口普查的陷阱當中了。錯！這種假設源自於歷史上非營利組織
的獨占。許多組織曾經有（有些現在還有）這樣的桃花源
（cachement area），是他們的「勢力範圍」，是他們的獨占。很多時
候對這些組織的經費資助，是按人數（人頭）計算的，也因此增
強了組織是在為那個地理區塊裡的每一個人服務的錯覺。

　　當然，什麼事都應該建立在事實之上。並不是每一個人都是
你的市場，你的市場應該是一個經過精確定義的一群人。以私立
學校為例，市場就是你們所教的那個年紀兒童的學生家長當中，
對非公立的教育有興趣，並且有付費能力的那群人。若是衛生機
關，做健康篩檢就鎖定那些沒有家庭醫生的；或是做鉛中毒篩
檢，只針對住在含鉛漆較重的老房子裡、家中有小小孩的人。再
以教堂為例，儘管教義說你的市場就是全世界，然而現實上，你
只可能對教堂方圓五到八哩之內、還沒有歸屬教會、正在尋找一
間教堂的人有吸引力。這是一個遠比社區裡「每一個人」少很多
的數量，甚至只是在離你五到八哩的半徑範圍內。

　　圖5-2框框裡的行動宣言說「市場定義及再定義」。定義一個市
場，是很直截了當的事：指認出你要服務的對象。但是所謂「再

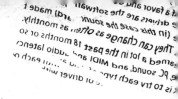

定義」是什麼意思呢？這是一個很重要的詞彙，因為對大多數讀者來說，這是個比定義更常做的工作。市場再定義的意思是要定期回頭檢視市場，確認顧客還在，他們還是你想要服務的人，而他們還有你可以滿足的需要。以YMCA為例，其中的一個市場（如：運動夏令營）是八到十八歲的孩子，你可能會重新檢視這個市場，並重新定義為：來自年收入超過3萬美元家庭的八至十八歲的孩子；或者是從私立學校改變成公立學校的學生；或是參與YMCA經常性青少年運動社團的孩子。因為狀況不斷地在改變中，所以經常性的市場再定義是很重要的：市場日趨成熟，需要也隨之改變。只有定期審視與再定義誰是你要服務的人，才可以精準地詢問到那些你希望能服務的人，他需要的是什麼。

希望你已掌握「需要審慎地確認目標市場」的概念，發展出一個儘可能精準的定義，並且準確地描述它們。你對市場的定義越精確、界定越清楚，你的市場規劃就可以越精確（估算、假設，以及計畫也是如此）。這個技巧應該被用在所有的服務、每一個市場，這樣你才能認識你所服務的不同的市場。由於這個活動十分重要，因此本書將用整個第6章闡述這個主題。

※市場調查（或：你的市場真正想要什麼？）

在儘可能的接近並框限地定義你的市場（群）之後，下一步是什麼？是要想辦法銷售你的產品及服務給這群剛被確認的標的呢？還是用廣告文宣把他們淹沒，好讓他們會想要你所要銷售的？還是要用折價券誘惑他們第一次走進你的門？不，還沒到這個步驟。

行銷循環的下一步是要找出市場想要什麼（見圖5-3）。那要怎麼做呢？就是開口問。藉著定期的詢問，當然，還要聆聽與回應，你將會發現大部分的人想要什麼。記得我們在第2章的討論

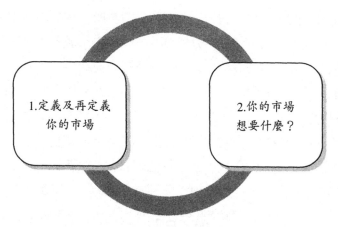

圖5-3 市場想要什麼？

──人們會追尋他們的需要，所以去滿足這些需要，人們就會找上你的組織。

你可以正式或非正式地詢問。你可以藉著正式的調查、焦點團體、訪談或一對一的交談來詢問；你可以當面詢問或是在線上詢問。不管你是用什麼方式怎麼達成，你都需要一問再問。只問一次是不夠的，因爲人們的需要會不停地改變。這個議題十分重要，因此我們會用第8章一整章來討論如何用各種不同方式來詢問。

換句話說，如果不知道需要是什麼的話，你顯然無法滿足市場的需要；而且，除非你問，不然就無法知道到底需要是什麼。在行銷裡，你會犯的最大的錯誤就是說出這樣的話：「我已經在這一行待了二十年了，當然知道顧客想要什麼。」錯！沒有人知道顧客想要什麼，除非開口問。問、問、問，然後聆聽。

※服務設計及創新

只有鎖定目標市場，並了解市場需要之後，才可能設計出

（或重新設計）你的產品或服務，以滿足目標市場的需要（見**圖5-4**）。這可能代表了從零開始研發一個新的產品或服務，或者，更常見的是對已有的產品或服務持續的修正、創新或改善。記住，你不只要經常再定義你的市場，需要也是會隨時間改變的。即使是在一個靜態的市場中，需要也是會改變的。因此，需要評估、再評估你所提供的服務，以確保它們滿足市場現在的需要。

我們不可能合理地滿足每一個市場的每一個需要。譬如說，如果一位諮商服務的潛在顧客說，他或她只有在半夜12點到早上8點之間有空，只爲了一位顧客而讓諮商師通宵當班，並不是一個合理或符合成本效益的做法。然而，這卻是個重要的訊息，因爲它可能點出了一個過去隱而不現的市場——那些值小夜班，比較方便在夜間而不是傳統上班時間去接受諮商服務的人們。這個市場夠大到能支持你重新設計服務，以照顧到這項需要嗎？

你需要藉著調整你提供服務的方式，來展現對市場需要經常

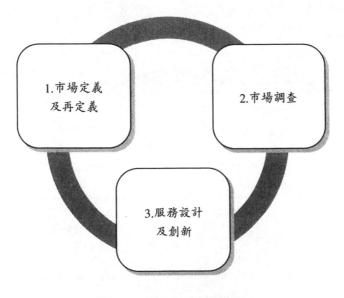

圖5-4　滿足市場的需要

性改變的敏感度。然而,你也要用審慎的商業評估和財務計畫,來克制你想要完全滿足每一個顧客需要的欲望,以確保所滿足的需要是在可負擔的範圍內,並且對那些既無效率也無效能,更不能提高品質的事,暫時延擱下來。

※設定價格

一個明智的價格要符合三個要件:第一,能夠回收花在提供服務或製造產品上所有的成本;第二,加上若干利潤;第三,可被市場接受(見圖5-5)。其中第一和第二個部分會提高價格,而第三通常會把它降低。

首先聚焦於第一部分:太多的組織相信他們必須不計成本把價格壓得比競爭對手更低,因為低成本是顧客購買的主要考量。於是,他們經常扭曲成本,讓銷售價格看起來是確保可以完全回收成本的,但實際上卻不然。他們深信藉此可以抓住顧客,事實上,他們真正在做的是保證每一次提供服務都是虧本的。就是這

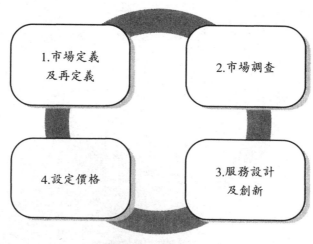

圖5-5 價格設定

樣的。

在設定價格時，很重要的是要記得人們不是只根據價格來決定要不要買——他們買不買取決於價值（value）。價格只不過是價值的因素之一。對某些人來說，價格占了價值中的99％；而對其他人來說，則只是一小部分。如果價格是唯一的考量點，那就不會有任何豪華的產品或服務了，航空公司不會有頭等艙，不會有Ritz-Carlton大飯店，我們的大都市中不會有豪華大轎車塞滿在馬路上等等這種現象。如果價格就是全部，那我們會用最便宜的平信寄信給所有客戶，而聯邦快遞（Federal Express）就會在一天之內倒閉。紐約第五大道上的Gucci、Saks等多數精品名店，或比佛利山莊的Rodeo大道的商店也會有同樣的命運。

所以，不要只想到價格，想一想價值。同時絕對不要告訴人們他們「應該」重視（value）什麼——因為那就等於給他們「需求」的。問他們重視什麼，然後給他們，他們想要的。人們非常重視你的服務或你提供服務的方式嗎？如果會的話，那他們就會考慮為了它多花一點錢；相反地，就算把價格壓得再低，也不會讓他們成為你的顧客。

絕對不要假設價格就是全部，要回收你的成本，加上利潤，還有聆聽市場。這是另一個十分重要的議題，在我的書*Financial Empowerment*當中，有用完整的一章來介紹這個主題。

※促銷及配送

至此，讀者已經了解所面對的市場、知道他們的需要、也清楚自己在提供什麼、價格為何（圖5-6）。很好。但是你的市場認識你嗎？他們知道你在這個行業裡，有專門為滿足他們需要而量身打造的完美產品或服務嗎？這就要靠所謂的廣告。廣告的方式很多，包括：不期然地打個電話給潛在顧客（cold calls）、打給熟

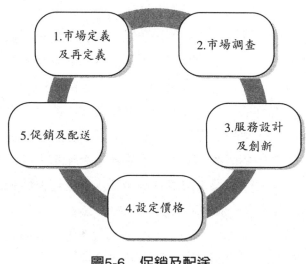

圖5-6　促銷及配送

客（warm calls）、直接信函（direct mail, DM）、口碑、到府推銷、介紹、公共資訊。不要散彈打鳥，漫無目的地發送你的資訊，要小心評估將什麼訊息、用什麼方法傳遞給你的市場。追溯一下顧客是怎麼找到你的，並且只用行得通的方法，試驗新方法，萬一無法達成任務就要立刻改弦更張。從1995年開始在網際網路上的網站大爆炸，就是嘗試錯誤的貼切例子。它們有帶來更多的商機嗎？有些有，有些沒有。網路提供通往龐大市場的路徑，但這些人就是你要找的人嗎？我很多客戶的結論是，他們一定要有自己的網站，而這就是做生意不可避免的成本。他們在網站上最能做到的使命就是提供好的公共資訊及教育。他們還在試驗，看看什麼會成功。

　　機構需要對顧客——你所服務的人，以及將顧客送上門的人——也就是轉介來源作促銷。對一個復健醫院來說，轉介者可能是神經科醫師；針對暴力加害者的處遇方案來說，可能是法官；或對野生動物保育園區而言，推薦者可能是旅行社、當地旅館或是

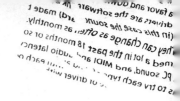

餐廳。非營利組織需要有轉介來源，而且需要提供相關資訊，好讓對方了解你的組織，以及為什麼應該把人轉介給你。

這也是個很重要的議題——需要有出色的行銷素材，並且你需要在對的時候把它們放在對的人手中。因此本書第9章將把重點放在更理想的行銷資料之上。

配送（distribution），是一個很常見的行銷詞彙，但是對你來說，如果以誰（who）、何時（when）、哪裡（where）、如何（how）作背景，把它想成服務輸送（service delivery），會比較容易了解。記住，以上這幾項事關市場滿意度至鉅。一個簡單的例子就是日間托兒。如果「誰」不是和小孩（及家長）互動融洽的人；如果「何時」不能配合家長的工作時間表；如果「哪裡」不是一個方便到達、開放、空氣流通、愉悅和安全的地點；如果「如何」不是對小孩有助益的話，那麼這個服務就不會有太多人光顧，也不會對社區有太大的幫助。

藉著詢問顧客想要什麼，你可以學到很多他們希望這個服務被提供的方式。這個詢問與供給的循環，將有助於經常性的改善。當你察覺到人們對服務輸送的需要有所改變時，那就嘗試去迎合它。再以日間托兒為例，如果貴機構所在社區最大的雇主（如：某個工廠）突然變成兩班制，甚至三班制，你可能需要重新考慮提供服務的時段。但是如果一百個家庭中，只有一兩個家庭需要這些延長時間，那麼與其整夜開放機構設施，不如提供他們到府保姆服務（in-home sitting）。

貴機構所提供的服務（即「什麼」）很好，並不表示你就不用去注意「誰」、「哪裡」、「何時」，以及「如何」。它們也都是行銷組合，以及持續地詢問和調整的循環中的一部分。

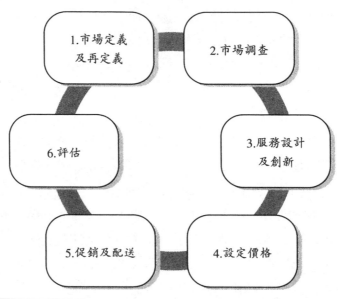

圖5-7　完成循環

※評估、評估、評估

誠如本書一再提到，市場及其需要不斷地在改變當中（圖5-7）。機構也需要時時評估所投入的努力之效能——顧客滿意度調查是一種方式，其他的還有定期和資助者、服務接受者、工作人員及董事會成員面談。在此同時，你也需要緊盯著競爭對手，並且追蹤顧客是從哪裡來的。以上各種評估工具全都很重要。在後面的章節中，我們會談到如何選擇及區隔市場，密切注意競爭對手，以及詢問顧客他們想要什麼，但在這裡最基本的是要記得，評估和改善是競爭的行銷循環中很關鍵的一個環節。

你可以發現一旦進行評估，就要重新來過；如同前文提及，行銷循環沒有終止的時候，它會一直繼續，幫助機構匯集更多資源在市場需要之上。

第二節　基線自我評估

表格5-1　行銷循環自我評估

	是	否
在發掘市場需要之前，是否有先確認我們的市場是哪些？	3	-3
知道本機構的三個主要（標的）的付費者市場嗎？	3	0
知道本機構三個主要（標的）的服務市場嗎？	3	0
我們有以這些市場的需要為前提，來考量如何提供服務嗎？	3	-1
是否從滿足顧客需要，而不是需求的角度，來推銷服務或產品呢？	2	-1
我們是否陷在需求評估的單一模式中，還是有真正去考量服務接受者的需要？	3	-3
是否每六個月就去檢視一次那些我們能控制的價格？	2	0
有沒有針對行銷努力進行評估？	3	0
有每年重新評估我們的市場嗎？	4	0
我們知道自己的核心能力嗎？	3	0
有試著把那些能力和目標市場的需要相配合嗎？	2	0
我們訂的價格是可以有一些賺頭的嗎？	2	-2
我們有把機構支出看做是對使命的投資嗎？	3	-1
我們有評估顧客從何處得到有關我們的訊息，然後在那個地方大力促銷嗎？	3	-2
我們有用我們所知人們想要的方式來提供服務嗎？	3	-1
得分 （直欄分數加起來寫在這）→		
總分——董事會 （把兩欄的總分加起來寫在這）→		

✍ FORM0501.DOC

分數分析：

36-42　極佳

27-35　很好

16-26　普通

低於16──你要在這裡列出的項目上多努力。

了解行銷循環是很重要的。

在你啟動改善組織的過程時，也會在下面的章節中發現，有很多自我評估裡的問題會出現。這是因為很多行銷循環所帶出的議題，在這本工作手冊中各特定的章節裡，也有後續的討論。不過，不要在此一一評估中延遲處理這些項目。

第三節　工作單和查核表

表格5-2	行銷循環查核表
Y	知道誰是我們的市場嗎？
	確認了我們所有的市場嗎？
	已確認出我們的三大目標付費者市場了嗎？
	已確認出我們的三大目標服務市場了嗎？
	知道我們最重要的三個轉介資源是誰嗎？
Y	有沒有一個定期詢問市場需要的計畫？
Y	一旦知道市場的需要後，我們有沒有一個正式的程序，來聆聽這些需要，並且定期改善服務和產品？
Y	有沒有一個定期檢視我們可以控制的價格的程序？
Y	我們有評估顧客從何處得到有關我們的訊息嗎？我們有沒有在那些地方重點性大力促銷？

　FORM0502.DOC

邊塡這個表格邊看看你的市場，塡入你認爲他們想要些什麼。

表格 5-3　我們的市場是誰？		
市場	需要	我們如何知道他們想要什麼？
付費者市場		
服務市場		
轉介市場		

FORM0503.DOC

用**表格**5-4來寫下你從前一個查核表中發現該做的事，或是列出其他主要待解決的議題。

表格5-4　執行查核表		
主題：行銷循環		
可測量的成果	截止日期	負責的小組或負責的人

FORM0504.DOC

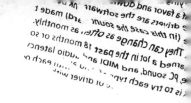

第四節　實際操作

☞ **實際操作**：和你的工作人員，特別是受過最高階訓練的工作人員，討論傾聽服務對象需要的重要性。提醒他們，傾聽不是與生俱來的技巧，是需要經過練習的，同時傾聽（真正的聆聽）不是只等著什麼時候輪到自己說話。最後，幫助工作人員從顧客、委託人以及學生的觀點去看待事物。他們越能這樣身體力行，就會對顧客的意見、抱怨、擔憂，以及需要，更加地重視。

☞ **實際操作**：和你的資深工作人員坐下來，問問他們這些問題：「有什麼是我們做得比主要競爭對手還要好的呢？」「我們還可以做更多嗎？」「我們怎麼知道自己比別人好？」「我們可以比最好的再更好嗎？」這些問題的目的在降低對競爭對手的恐懼。如同我再三強調的，你有競爭者。你正在做一些你的競爭對手也能做，或做得更好的事嗎？若是這樣，那可要小心了，因為他們也在盯著你！你可能需要再定義市場好去適應競爭的到來。

☞ **實際操作**：把貴機構所有的行銷和促銷素材都拿一份到手中，逐一檢視，然後註明這一份是多功能廣泛使用的素材，還是專門鎖定某個特定市場的。如果前者遠多於後者，而你的競爭對手卻是聚焦在一個小（通常是有利可圖）的市場上，那你可能就真的身陷困境了。

第五節　附贈光碟內的表格

表格5-5　附贈光碟內的表格				
表格名稱	表格號碼	工作手冊頁數	檔案名稱	檔案格式
行銷循環自我評估	5-1	61	FORM0501.DOC	Windows的Word
行銷循環查核表	5-2	62	FORM0502.DOC	Windows的Word
我們的市場是誰？	5-3	63	FORM0503.DOC	Windows的Word
執行查核表	5-4	64	FORM0504.DOC	Windows的Word
附贈光碟內的表格	5-5	66	FORM0505.DOC	Windows的Word

FORM0505.DOC

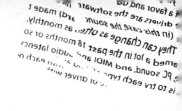

第六節　進階學習資源

主題：行銷循環
書籍及期刊
Strategic Communications for Nonprofit Organizations: Seven Steps to Creating a Successful Plan (Nonprofit Law, Finance, and Management Series) by Janel M. Radtke. John Wiley & Sons, 1998. (ISBN 0471174645).   *Successful Marketing Strategies for Nonprofit Organizations* (Nonprofit Law, Finance, and Management) by Barry L. McLeish. John Wiley & Sons, August 1995. (ISBN 0471105678).   *Marketing Workbook for Nonprofit Organizations: Develop the Plan*, 2nd edition, by Gary J. Stern, Elana Centor, Vol 1, March 2001. Amherst H. Wilder Foundation. (ISBN 0940069253).
軟體
Market Plan Pro：這個程式事實上是行銷規劃軟體，但是它問了所有該問的問題。你也可以在www.paloalto.com看到很多的行銷計畫。
網站
www.nonprofitmarketing.org   免費管理圖書館也有關於行銷的部分：   www.mapnp.org/library/mrktng/mrktng.htm
線上課程
Nonprofit Self-Grassroots MBA：這一套線上的課程，是為了讓你可以用自己的進度學習而設計的，而且它涵括了各種管理的技巧，包括行銷：   www.mapnp.org/library/mgmnt/mba_prog.htm   Nonprofit Education：這是北美關於非營利學術方案最完整的網站。去看看這個網站，以取得它所提供最新的網路支援，其內容每月更新一次：   http://pirate.shu.edu/~mirabero/Kellogg.html

6

誰是你的市場？

第一節　節錄自《非營利組織行銷：以使命為導向》

　　我們在第5章看到的行銷循環中，第一個步驟是確認你的市場。這方面前一章略有涉及，但是我們必須真的聚焦在市場確認和區隔上。這裡有一些是《非營利組織行銷：以使命為導向》一書中，需要記住的重點：

市場確認和量化

　　那麼，誰是我們一再提到的市場？**表6-1**可以幫助讀者聚焦在組織實際上提供服務的眾多不同市場，注意其中總共有多少市場，同時也要了解這個圖表可能還沒有完全涵括組織面對的所有市場！

表6-1　非營利組織的各種市場

內部市場	・董事會 ・工作人員 ・志工
付費者市場	・政府 ・會員 ・基金會 ・聯合勸募 ・捐贈 ・保險業者 ・使用者費用
服務市場 （不只這裡舉的兩個例子）	・服務一 　第一類型的服務對象 　第二類型的服務對象 　第三類型的服務對象 　第四類型的服務對象 ・服務二 　第一類型的服務對象 　第二類型的服務對象 　第三類型的服務對象 　第四類型的服務對象
轉介來源	・許多不同的來源，各有不同的需要

　　一提到檢視市場，讀者大概立即會想到機構透過提供服務，所幫助的各種不同群體的人們。這是可以理解的，但這充其量只是整個市場中的一部分而已。如你所知，組織事實上有四個不同、且相互區隔的主要市場類別：內部市場、付費者市場、轉介市場，和服務市場，在這四個分類之下，可能還包括十、二十，甚至四十個市場。每一個類別都十分重要，機構無法在沒有經費、工作人員或董事會的情況下提供服務，而且幾乎所有的組織都有很大比例的服務是依賴轉介者──也就是把服務對象送上門來

的那些人。以下將逐一對每個類別做更進一步的分析。

※內部市場

　　組織至少有三個內部市場：董事會、工作人員，以及非管理職位的志工。這三者都相當關鍵，都應該待之如市場，並且將第5章所討論的行銷循環應用其上，盡你可能地去滿足它們的需要。然而很不幸的是，大部分的非營利組織要不是完全忽視這個問題，就是徹底地低估這些市場的重要性。他們把自己的董事會看作是必要存在的邪惡（necessary evil），把工作人員當做是日用品，更不要說志工所受到的待遇。管理階層自以為「知道」工作人員要什麼（更多的錢），所以他們從來不開口問；也不太在乎董事想要什麼，只要他們定時來開會，然後不要過問太多就好了；志工則看哪裡最急迫需要就往哪裡塞，完全不理會這是不是符合他們的技巧、性向和訓練。

　　這種想法注定會失敗！因為在一個高度競爭的世界裡，組織需要卓越的董事會成員，不僅要爭取到，還要設法留住他們，待之如珍貴的資源。同樣地，組織也要能吸引和留住優秀的工作人員，要這麼想：你需要好的工作人員勝過他們需要你。而對許多非營利組織來說，運用志工不但省下了一大筆員工薪資，同時也提供了機構進入社區的網絡，這是無可取代的。在高度競爭的環境中，你的董事會、志工、工作人員都有其他許多可以寄託時間的選擇，不一定要待在你的機構！

※付費者市場

　　這些是為你所提供的服務付錢的人。把他們當作市場，可能使你覺得被冒犯了，畢竟，你是來把事情做好的，金錢充其量不過是個不足掛齒的工具，真正該去關注的人是所服務的對象。正

確嗎？其實只說對了一部分。在過去獨占市場的時候，你可能還禁得起這麼做，現在可不了。在競爭的市場中，如果還輕忽付費者與內部市場，單只關心你的服務對象，那麼你將很快地被遺忘。記住，非營利組織有兩個基本法則：法則一：使命、使命、使命；法則二：沒有錢，就無法實現使命。要是忽略這兩個法則的話，那你就只有自求多福了！

如你所知，付費者千百種，我們應該去檢視其不同的需要。在這裡必須提醒讀者：不要把以下所列出的需要奉爲眞理，要自己去向他們詢問。

- 政府。
- 會員。
- 基金會。
- 聯合勸募。
- 捐贈。
- 保險業者。
- 使用者費用。

※服務市場

就像付費者市場，服務市場也有千百種。這些就是你服務的對象，他們可以用年齡、性別、教育程度、收入、居住地區域號碼、族群、方案，或使用的服務來加以區分。或許大部分的人認爲這些人就是你服務的對象，而這就是你所要經營的市場。確實是如此，但是內部市場和付費者市場也一樣重要。如同我們在付費者市場提到的，避免把你所有服務對象混在一塊兒是很重要的，越能清楚區分不同的團體，越能讓你的詢問和回應聚焦。

※轉介

就像其他的組織一樣，貴機構能用在行銷上的金錢和時間都是相當有限的，如果有人（免費的）幫你把會員、顧客、學生、或教區居民送上門來，那豈不是太好了？事實上，這是可能的，而且說不定早就是這樣了，我們稱之為轉介來源。可能只是來自一些滿意的顧客（像是花錢到劇院觀賞表演，留下深刻印象的人）的非正式推薦，或是一些父母，很高興孩子在你幼稚園裡的發育成長。或者，也可能是來自另一位專業人士的正式轉介，像是外科把頭部創傷的病患轉介給職業復健機構，或是猶太教教士把一位遭遇困難的教友轉介給心理醫師或精神科大夫。

你面對的所有的市場——內部、付費者、轉介、服務——都值得關注。然而不可否認地，要同時密切注意這麼多不同的團體並不容易，尤其是像多數其他組織一樣，即使是在這麼重要的工作上，也只能投注這麼多的經費和工時，該怎麼辦呢？你可以採取以下兩個步驟，以完全掌握整個行銷確認的過程：第一步，是學習市場區隔，這麼做可以讓你換個角度，思考一下誰是你想要服務的對象，並且比較這群人和你正在服務的對象之間的差異；其次就是要鎖定目標，以下要告訴你如何進行這兩項工作，我們會從市場區隔開始。

第二節　基線自我評估

表格6-1　誰是你的市場？	是	否
知道我們所有的資助者市場是誰嗎？	3	-1
知道我們所有的轉介者市場是誰嗎？	3	-1
知道我們所有的服務接受者市場是誰嗎？	3	-1
我們有沒有在上述三個領域中，發展至少二到五個目標市場？	4	-2
我們有沒有指派行銷團隊中的成員，在各個目標市場成為主要的聯絡人／專家？	3	-1
有沒有蒐集各個內部和外部市場的基線資料？	2	-1
我們有沒有定期檢查目標市場有哪些改變？	3	-1
我們是否有檢視本身與市場相關的核心競爭能力？	2	0
我們有沒有試圖把目標市場分割為區塊，以便提供更好的服務？	2	0
有沒有我們正在提供服務的市場，是別的組織可以做得更好的？	-2	2
還有沒有其他人口類別或地理上的市場是我們應該考慮提供服務的？	2	-2
得分 （直欄分數加起來寫在這）→		
總分 （把兩欄的得分加起來寫在這）→		

FORM0601.DOC

分數分析：

22-27　極佳

16-21　很好

12-15　普通

低於12——需要更仔細地來檢視你的市場，必須知道貴組織在服務誰，
才可能詢問他們的需要為何。

第三節　工作單和查核表

由於現在正在處理行銷循環裡的第一個步驟，所以我把整個行銷訓練的需要放在這一章。

表格6-2　訓練查核表——行銷

Y	訓練類型	訓練對象	期限	負責人
	行銷團隊	所有的工作人員，一年一次		
	核心能力	行銷團隊		
	定價	所有的財務及銷售工作人員		
	更好的市場調查	行銷團隊		
	顧客滿意度	所有的工作人員，一年一次		

FORM0602.DOC

表格6-3　行銷查核表——確認目標市場

Y	活動	理由	期限	負責人
	確認所有不同的市場：內部、付費者、服務和轉介市場。	這需要一段時間，你會對貴機構所擁有的市場數感到驚訝。		
	草擬初步的目標市場。	利用大張表格，儘量發揮你的想像力，草擬一個初步的目標市場名單。		
	確認目標市場的需要。	詢問，然後使用下一個工作表。		
	確認內部核心能力。	你能把什麼事做得真的很好？		
	將組織的核心能力和目標市場的需要相配合起來。	將兩者配合起來，聚焦在既是人們現在的需要，又是貴機構可以做得好的事情上；或者，設法強化某些技能，以滿足某個目標市場的需要？		
	必要時，修改目標市場的名單。	你可能會發現原來貴機構的目標群體應該是另外一個。		

FORM0603.DOC

表格6-4　我們的市場究竟想要什麼？

分類	市場	需要
		(指認出貴機構的市場，詢問他們的需要，然後把資訊寫在這裡。接著，在下一個表格中把市場的需要和組織的核心能力配合起來。注意，你的市場可能會有一個以上的重要需要。)
內部市場	董事會	
	工作人員	
	其他志工	
付費者市場		
服務市場		
轉介市場		

FORM0604.DOC

表格6-5　組織的核心能力——和市場需要相配合

我們組織的核心能力為：		在這個表格中，把貴組織的核心能力填進去，記得只要把你真的、真的很在行的項目填進去。然後，把前列幾大目標市場及其需要填入，看看兩者能否配合。如果不行的話，你可能需要提升某些能力，或是改變目標市場。	
1			
2			
3			
4			
5			
6			
	目標市場	市場需要	我們的核心能力
1			
2			
3			
4			
5			

FORM0605.DOC

表格6-6　執行查核表
主題：誰是你的市場？

可測量的成果	截止日期	負責的小組或負責的人

FORM0606.DOC

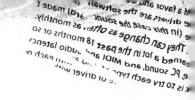

第四節　實際操作

☞ **實際操作**：如果你的組織接受政府的補助，那要仔細考慮這個問題：你上一次詢問政府方案承辦人／資助者「我可以怎麼做，好讓你的工作進行得更順利？」是在什麼時候？或是根本從來沒問過？不只有你這樣。但是類似這樣的詢問，卻對鞏固與增進所有顧客的關係十分重要。當你讀到第11章「一級棒的顧客服務」時，記得它所指的也包含這個市場。

☞ **實際操作**：列出貴機構的市場以及它們的區隔時，問問你自己：「為什麼我們要提供這些服務？」和「為什麼我們在服務這群人？」如果反射性的回答單純只是「因為我們一直都這樣做。」那你應該暫時停下來，然後評估是否該繼續。思考以下的問題：你真的具有專業知能來提供這項服務，或服務這群人嗎？別處是否也有提供這項服務，甚至更有效率呢？這是你的核心顧客群嗎？你的組織是否真正認同這項方案或服務的人口群？如果縮減或是結束這個計畫，是否會嚴重地影響組織的募款？當然，還有一個關鍵但不是唯一的指標：「服務這個領域或群體，貴機構有盈餘還是虧損？」對於以上這些問題的回答，合在一起可以幫助你做出決定，但是，絕對不要只是因為對傳統的尊敬，而繼續提供某種服務。確認上述事項，對於組織達成使命會很有助益的。

☞ **實際操作**：試試這個練習。拿出貴機構上個月的財務收支報表，計算今年到目前為止的歲入總額，把它乘以0.8（80％）。然

後從最大筆金額的顧客開始，找出來自他們的收入加上第二大的、第三大的，以此類推，直到計算的收入總額達到80％的門檻。現在，回頭數數看，你總共加總了幾個顧客？如果現在檢視貴機構的整個顧客基礎，你會發現讓組織達到總收入的80％的顧客數，非常接近五分之一，或20％。

第五節　附贈光碟內的表格

表格6-7　附贈光碟內的表格				
表格名稱	表格號碼	工作手冊頁數	檔案名稱	檔案格式
誰是你的市場？	6-1	75	FORM0601.DOC	Windows的Word
訓練查核表——行銷	6-2	76	FORM0602.DOC	Windows的Word
行銷查核表——確認目標市場	6-3	77	FORM0603.DOC	Windows的Word
我們的市場究竟想要什麼？	6-4	78	FORM0604.DOC	Windows的Word
組織的核心能力	6-5	79	FORM0605.DOC	Windows的Word
執行查核表	6-6	80	FORM0606.DOC	Windows的Word
附贈光碟內的表格	6-7	82	FORM0607.DOC	Windows的Word

FORM0607.DOC

第六節　進階學習資源

主題：市場確認
書籍
Strategic Marketing for NonProfit Organizations, 5th edition, by Philip Kotler, Alan Andreasen (contributor). Prentice Hall, 1995.
軟體
Market Plan Pro：這個程式事實上是行銷計畫規劃軟體，但是它問了所有該問的問題。你也可以在www.paloalto.com看到很多行銷計畫。
網站
免費管理圖書館在市場定位方面的資訊： www.mapnp.org/library/mrktng/position.htm 另外一個有關商業（包括市場）研究的免費管理網站： www.mapnp.org/library/research/research.htm
線上課程
Nonprofit Self-Grassroots MBA：這一套線上的課程，是為了讓你可以用自己的進度學習而設計的，而且它涵括了各種管理的技巧，包括行銷： www.mapnp.org/library/mgmnt/mba_prog.htm

7

你的競爭對手

第一節　節錄自《非營利組織行銷：以使命為導向》

這裡列出若干在《非營利組織行銷：以使命為導向》一書裡，有關於「競爭對手」這個主題上，很重要的觀念。記住，使命導向的組織，是尊敬並且擁抱競爭的，它們不會膽怯退縮。

競爭是件好事。競爭是很困難的一件事，但它是好的——對你的組織和你所服務的人來說。競爭應該會讓我們用更有效率、有效能，和更市場導向的方式，來提供人們更好的服務。很不幸地，對很多非營利組織來說，競爭這個概念卻把整個組織弄得雞飛狗跳。但是要記得，競爭並不是新的東西，我們其實一直在為優秀的工作人員、董事會成員和更多的捐款而競爭。現在組織可能被迫要為了所服務的人而加入戰局，但是如果能擁抱競爭的概念，相信一定會做得更出色，對你所服務的人來說也是一樣。

需要了解競爭對手什麼？

我們需要從競爭對手那兒找出可加以運用，讓自己變得更強的重要資訊。我們需要了解下列四個有關競爭對手的重要事項：

※**他們提供什麼服務？**

對手是不是全面性地與貴機構競爭，或者只限於某些領域？相較於那些只和你在某一個領域競爭的對手（除非他們所提供的正是你獲利最豐的服務），你可能需要更仔細地研究那些全面性與你競爭的對手。

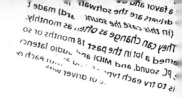

※他們正在找尋什麼樣的客戶？

是否與貴機構鎖定一樣的人口群？還是只瞄準服務人口群中最有利可圖的那一個區塊，也就是所謂篩選案主的技倆？在另一方面，貴機構與競爭對手的目標市場是不是有所重疊？這也是相當重要的。舉例來說，如果你鎖定六十歲以上的顧客群，而你的競爭對手卻只把這個年紀族群的市場當成次要或第三重要的市場，那麼你也許不需要那麼擔心。

※他們給顧客什麼樣的價值？

記住，價格不是重點，價值才是。你的競爭對手做了什麼可提供價值給顧客的事？博物館的附加價值可能是一張精心設計的導覽圖，或是一些可就近使用的長凳和洗手間。諮商輔導中心的附加價值可能是特別友善的接待人員，和接待區的免費咖啡。姑且不論競爭對手做了些什麼，這些是不是你也可以提供、也可以做得很好，而且仍然保持在組織使命宣言的範圍之內的呢？

※競爭對手的價格如何？

他們的定價與貴機構旗鼓相當嗎？或是你（或對方）在同樣的價格下，提供了更多的服務？儘管價格不是重點（而價值永遠都是），但是對顧客來說，它仍是一個重要的因素。在檢視價格的時候，要再三確定貴機構已經盡全力做到同質類比，否則極可能會因為自以為價格比競爭者低（或高），而做出不適當的決策。

貴機構最低限度必須掌握有關服務、目標市場、價值及價格等重要資訊。當然，如果可以多了解其他的也不錯，不過這些是要最先看的重點。該如何進行了解呢？針對競爭對手做一點市場

調查吧!

第二節　基線自我評估

表格7-1　競爭自我評估	是	否
有沒有指認出我們在每個目標市場的競爭對手?	3	-1
有去研究過競爭對手的優勢嗎?	2	0
有去研究過競爭對手的劣勢嗎?	2	0
我們和競爭對手都把重點放在同一個目標市場上嗎?	2	-1
我們有沒有向董事們、工作人員、賣東西給我們的人,以及資助者,詢問過關於競爭對手的事呢?	3	-1
我們是否把競爭視為一件本質上很好的事情?	4	-1
我們有沒有建構一套預警系統,在與我們提供一樣服務的新競爭對手進入場域時即刻啟動?	3	0
知道競爭對手的定價嗎?	4	-1
我們知道有什麼價值是對方加在他們的服務中,卻是我們沒有的嗎?	3	0
我們知道有什麼價值是加在我們的服務中,卻是對手沒有的嗎?	3	0
得分 (直欄分數加起來寫在這)→		
總分 (把兩欄的總分加起來寫在這)→		

FORM0701.DOC

分數分析:

24-29　極佳

19-23　很好

13-18　普通

低於13——你沒有放足夠的注意力在你的競爭對手上。

第三節　工作單和查核表

表格7-2　競爭對手評估

我們提供的服務	競爭對手	他們的優勢	我們的優勢

我們服務的對象	競爭對手	他們的優勢	我們的優勢

FORM0702.DOC

表格7-3　競爭的查核表

Y	活動	對象	期限	負責人
	確認我們所有的付費者市場競爭對手。			
	確認我們所有的服務市場競爭對手。			
	確認我們所有的轉介市場競爭對手。			
	列出一張重疊的服務、核心能力和潛在顧客的清單。			
	發展業務的要件。			
	決定我們是要擴張，還是縮減正面競爭的範圍。			
	決定我們所競爭的範圍中，還需要再加強的能力。			

FORM0703.DOC

表格7-4　執行查核表

主題：社會企業家精神

可測量的成果	截止日期	負責的小組或負責的人

FORM0704.DOC

第四節　實際操作

☞ **實際操作**：在蒐集上述資訊時，順便檢視一下自己的紀錄。可以進入Guidestar.com並編輯資訊，也可以在國務卿辦公室及國稅局網站編輯和更新資訊。要確定貴機構的資訊是即時而正確的。在對某個競爭對手進行調查時，也要用同樣的方法調查自己的組織——了解你的競爭對手和潛在顧客正在尋找哪些有關貴機構的資訊。

☞ **實際操作**：思考一下下面這些和你的競爭對手有所關聯的議題：

- **董事會成員**：請教那些正在或曾經在其他組織董事會服務的董事會成員（和朋友、鄰居），對於他們在董事會當中的服務，最喜歡和最討厭的情況為何。不必要詢問其他組織太過於詳細和尖銳的問題——可能會因此得不到好的資訊，儘量把問題聚焦在他們喜歡和不喜歡的董事會功能。去參加聯合勸募、社區基金會、當地MSO，或地區性學院或大學的非營利計畫所舉辦的關於董事會運作的工作坊，以學習目前的先進技術。要讓人們渴望在貴機構的董事會裡服務。

- **工作人員**：當有新進工作人員時，問問他們在先前工作中，最喜愛及最厭惡的分別是什麼。在離職面談時，也詢問新工作哪裡吸引他（或者是什麼事讓他們離開你的組織）。讀一讀徵才廣告，以了解一般的薪水和福利行情是怎

樣的。參與由當地或州立的貿易協會，或州立非營利組織協會所做的薪資調查，以便對競爭情勢有更好的掌握。

- 捐贈：持續觀察別人是怎麼跟你募款的，並要求董事會和工作人員也如法泡製。你喜歡在超級市場或是停車場被纏上嗎？用郵寄信件呢？用電子郵件？電話？當面？上述哪些是你喜歡或不喜歡的方法呢？你會利用網路在線上捐贈嗎？你的董事和工作人員也會這麼做嗎？看一看別的組織所印製、發送的宣傳品，及如何在網站上努力爭取捐款。哪些會吸引你，哪些不會？捐贈的領域是令人難以想像地複雜和高度競爭的，而且手法不斷推陳出新。要多注意！

☞ 實際操作：要和志工談話時，建議你運用團體的方式而不要個人約談。通常志工在高階管理人員面前多少會有些膽怯，用團體的方式不只可以讓他們比較輕鬆自在、比較有反應，可以激發出更多的點子，同時，這樣也可以節省你的時間。

第五節　附贈光碟內的表格

表格名稱	表格號碼	工作手冊頁數	檔案名稱	檔案格式
競爭自我評估	7-1	88	FORM0701.DOC	Windows的Word
競爭對手評估	7-2	89	FORM0702.DOC	Windows的Word
競爭的查核表	7-3	90	FORM0703.DOC	Windows的Word
執行查核表	7-4	91	FORM0704.DOC	Windows的Word
附贈光碟內的表格	7-5	93	FORM0705.DOC	Windows的Word

表格7-5　附贈光碟內的表格

FORM0705.DOC

第六節　進階學習資源

主題：競爭對手
書籍
這裡是在John Wiley & Sons的網站上，有關非營利競爭的書目，讀者可以在下面這個網址得到最新的書單： www.wiley.com/remsearch.cgi?query=nonprofit+competition&field=keyword
軟體
還沒有這方面的軟體。
網站
免費管理圖書館有關競爭研究的資訊： www.mapnp.org/library/mrktng/cmpetitr/cmpetitr.htm 行銷與競爭研究：CEO Express是眾多網站中，一個不錯的開始。往下捲到商業研究的部分：www.ceoexpress.com
線上課程
Nonprofit Self-Grassroots MBA：這一套線上的課程，是為了讓你可以用自己的進度學習而設計的，而且它涵括了各種管理的技巧，包括行銷： www.mapnp.org/library/mgmnt/mba_prog.htm

8

詢問市場的需要

第一節　節錄自《非營利組織行銷：以使命為導向》

　　以下是摘錄自《非營利組織行銷：以使命為導向》中的幾個重要概念，是與詢問市場相關的重要主題。我們要透過詢問才能知道人們的需要，需要定期地、一以貫之地詢問，最後，把詢問變成一個文化。

1・在詢問之前，沒有人知道一個市場需要什麼

　　在行銷中，人們常犯的最大的錯誤就是宣稱：「我在這一行中已經打滾了二十年，我非常清楚顧客想要的是什麼！」事實是：沒有人真正知道任何一個顧客想要的是什麼，除非他開口問，而且要定期地詢問。詢問時你蒐集到的資訊都是新東西嗎？當然不是。你因此得知的大多數訊息，其實只是再次確認你本來就已經知道的事實。但不可否認，新事物、市場需要的改變，將可以讓你改善服務，使它更有競爭力。總之，需要詢問、聆聽，然後回應。

2・詢問是唯一最大避免行銷障礙的方法

　　在《非營利組織行銷：以使命為導向》一書中有深入探討行銷障礙——令人混淆的「需要」與「需求」概念。許多非營利組織往往將重點放在需求評估，而不是了解人們的需要。記住，人都「有」需求，但是人「追求」需要。一個使命導向的行銷者，他的任務是：讓人們想要他們所需要的東西。還有，如同前段所言，你一定要用詢問的方式去找出人們的需要，可以從詢問、聆聽，然後回應，開始去克服你的行銷障礙。

第二節　基線自我評估

表格8-1　詢問市場自我評估	是	否
是否至少一年一次，詢問付費者對我們的滿意度如何？	3	0
是否至少一年一次，詢問服務對象對我們的滿意度如何？	3	0
是否至少每十八個月詢問一次工作人員的工作滿意度如何？	3	0
是否至少每十八個月詢問一次董事會的滿意度如何？	3	0
我們機構有沒有詢問的文化？	2	-1
是否有訓練工作人員如何詢問及聆聽？	2	0
我們有利用焦點團體去找出／試驗新的服務以及／或是產品嗎？	2	0
我們有一個正式的系統來廣泛地分享消費者抱怨的資訊嗎？	3	-1
我們會與工作人員以及董事會分享在調查、焦點團體，以及面談時蒐集到的資訊嗎？	3	-2
我們有沒有每季或是每年追蹤滿意度呢？	3	-1
有讓我們詢問的對象知道詢問的結果，以及我們將這些想法反映在何處嗎？	4	-2
我們有在網站上設計回饋機制嗎？	2	-1
得分 （直欄分數加起來寫在這）→		
總分 （把兩欄的總分加起來寫在這）→		

FORM0801.DOC

分數分析：

26-33　極佳

20-25　很好

12-19　普通

低於12──貴機構沒有適當地聚焦於詢問。利用下列的表格與清單開始讓你
的組織朝一個詢問的文化邁進。

第三節　工作單和查核表

表格8-2　行銷查核表──非正式地詢問

Y	活動	理由	期限	負責人
	訓練所有的工作人員如何定期地詢問顧客滿意度。先將重點放在推銷員、接待員與行銷團隊成員，其次才是所有的工作人員。	貴機構需要有一個詢問的文化。		
	設計回饋機制，好將資訊提供給行銷小組。	相關資訊如果沒有傳遞給對的人，那麼資訊是沒有用的。		
	授能給工作人員去解決發現的問題。	如果主動詢問，人們會指出改善的方法。多數的議題是可以，也應該要很快地解決。		

FORM0802.DOC

表格8-3　行銷查核表——用調查來詢問

Y	活動	理由	期限	負責人
	列出你想要調查的市場，以及多久調查一次。	定期地、標準化地詢問是取得可做長期比較的資料的不二法門。		
	列出你想要知道的事，但是要保持聚焦。	記住，如果要人們有所回應，你只有四分鐘可以做調查！		
	尋求機構外人士的協助，安排好問題順序以及措詞。	這是找一些專家的時候。		
	在調查報告的開始與結束的地方加上指導語。	簡單的告訴人們為什麼要詢問，截止日期為何時，要把完成的問卷寄到哪裡，以及要如何填寫。還有記得說謝謝！		
	結束循環	在分析完資料後，回頭告訴調查對象，你從中學到些什麼——此舉有助於提高下次調查的回覆率。		
	內部資訊分享	詢問過後我們知道了一些事情。現在要著手改善，要讓人們知道你發現了些什麼——好消息和壞消息。		

FORM0803.DOC

　　這是美國東岸一家復健中心，用來評估案主服務滿意度的問卷調查表，這是在客戶家中用會談方式進行，所以會花上比平常還要長的時間。

　　注意在每個問題的答案的左邊都有數字，是為了方便資料輸入。這本質上是一份封閉式問卷的調查，往下看，你會發現有時候會有混合的選擇，用來區分回答者身分。這是因為有時候是身心障礙人士親自回答，有時候卻是他們的代理人來作答。

　　同時也要注意一下，這份調查沒有（也不需要）在開頭或結尾加上指導語，因為這份調查是使用面談的方式來進行。如果是用郵寄的方式來進行調查的話，那就需要指導語。

表格8-4　市場調查範例

日期＿＿＿＿＿＿＿＿＿＿＿＿＿＿＿＿＿＿＿＿＿
個案姓名＿＿＿＿＿＿＿＿＿＿＿＿＿＿＿＿＿＿
家長／監護人姓名＿＿＿＿＿＿＿＿＿＿＿＿＿
個案年齡＿＿＿＿＿＿＿＿＿＿＿＿＿＿＿＿＿＿

1. 這份問卷是由誰來作答？（請圈選數字）
　　4 個案本人
　　3 家庭成員
　　2 監護人
　　1 代言人
　　0 其他＿＿＿＿＿＿＿＿＿

2. 作答者的性別。
　　2 女性
　　1 男性

3. 請指出當事人的主要殘疾。
　　5 心智障礙（mental retardation）
　　4 腦中風（cerebral palsy）
　　3 癲癇（epilepsy）
　　2 自閉症（autism）
　　1 其他＿＿＿＿＿＿＿＿＿
　　0 不知道

4. 當事人住在哪裡？
　　6 安置機構　　　　請描述：＿＿＿＿＿＿＿＿＿

　　5 父母家中
　　4 監護人家中
　　3 保護者家中（conservator's home）
　　2 自己住（有居住上的協助）
　　1 自己住（沒有協助）
　　0 其他

5. 你知道這中心是做什麼的嗎？
　　2 知道
　　1 不知道
　　0 不確定

6. 你 / ＿＿＿＿＿＿＿（填入案主的姓名）第一次和本中心接觸是什麼時候？
　　5 六個月內
　　4 六個月到兩年
　　3 二到五年
　　2 五到十年
　　1 十年以上
　　0 不知道

7. 知道你的個案主責人的名字嗎？
　　2 知道
　　1 不知道
　　0 不清楚

8. 你的 / ＿＿＿＿＿＿的個案主責人對你的權利及可以利用的服務之解說情形如何？
　　4 非常清楚
　　3 稍微解釋了一點
　　2 沒有解釋得很好
　　1 完全沒有解釋
　　0 不知道

9. 你對那些推薦給你 / ＿＿＿＿＿＿的評估及服務的滿意度如何？
　　5 非常滿意
　　4 還算滿意
　　3 中等 / 普通
　　2 有點不滿意
　　1 非常不滿意
　　0 不確定

10. 你覺得你的個案主責人是站在你 / ＿＿＿＿＿＿的立場上為你取得服務嗎？
　　4 是，非常為我著想

（續）表格8-4　市場調查範例

　　3 是，有一點爲我著想
　　2 不是，沒有很爲我著想
　　1 不是，一點也沒有爲我著想
　　0 不確定

11. 在經由本中心的評估和轉介後，你 / ＿＿＿＿＿得到了什麼服務？
＿＿＿＿＿＿＿＿＿＿＿＿＿＿＿＿＿＿＿＿＿＿＿＿＿
＿＿＿＿＿＿＿＿＿＿＿＿＿＿＿＿＿＿＿＿＿＿＿＿＿
＿＿＿＿＿＿＿＿＿＿＿＿＿＿＿＿＿＿＿＿＿＿＿＿＿
＿＿＿＿＿＿＿＿＿＿＿＿＿＿＿＿＿＿＿＿＿＿＿＿＿

12. 現在爲你 / ＿＿＿＿＿提供服務的人是？
＿＿＿＿＿＿＿＿＿＿＿＿＿＿＿＿＿＿＿＿＿＿＿＿＿
＿＿＿＿＿＿＿＿＿＿＿＿＿＿＿＿＿＿＿＿＿＿＿＿＿
＿＿＿＿＿＿＿＿＿＿＿＿＿＿＿＿＿＿＿＿＿＿＿＿＿
＿＿＿＿＿＿＿＿＿＿＿＿＿＿＿＿＿＿＿＿＿＿＿＿＿

13. 本中心有定期地與你聯絡跟你討論你的 / ＿＿＿＿＿的進展嗎？
　　3 有
　　2 沒有
　　1 有時候
　　0 不知道

14. 你有爲了遭遇問題或困難而和本中心聯絡過嗎？
　　2 有
　　1 沒有
　　0 不知道 / 不記得

15. 如果有的話，你的個案主責人在解決你的問題上有幫助嗎？
　　5 非常有幫助
　　4 稍微有幫助
　　3 不是很有幫助
　　2 一點幫助也沒有
　　1 我沒有因爲遇到問題而和中心聯絡過
　　0 不知道 / 不記得

16. 當你爲了一些問題或困難而打電話給本中心時，你的個案主責人多快給你回應？
　　5 二十四小時內
　　4 一週內
　　3 兩週內
　　2 超過兩週
　　1 我沒有因爲遇到問題而和中心聯絡過
　　0 不知道

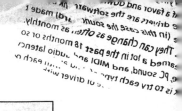

（續）表格8-4　市場調查範例

17. 你覺得他的行動對處理你的問題而言夠快嗎？
    3 不夠
    2 夠
    1 我沒有因為遇到問題而和中心聯絡過
    0 不知道

18. 你對你的個案管理員（case manager）花在你／＿＿＿＿＿＿身上的時間滿意嗎？
    5 非常滿意
    4 還算滿意
    3 中等／普通
    2 有點不滿意
    1 非常不滿意
    0 不確定

19. 自從你／＿＿＿＿＿＿開始接受本中心服務後，你／＿＿＿＿＿＿有得到希望得到的協助嗎？
    4 有，肯定有
    3 可能有
    2 可能沒有
    1 肯定沒有
    0 不確定

20. 你會向其他身心障礙朋友推薦本中心嗎？
    2 會
    1 不會
    0 不知道

21. 你覺得本中心做得最好的三件事是？
    ＿＿＿＿＿＿＿＿＿＿＿＿＿＿＿＿＿＿＿＿＿＿＿＿＿
    ＿＿＿＿＿＿＿＿＿＿＿＿＿＿＿＿＿＿＿＿＿＿＿＿＿
    ＿＿＿＿＿＿＿＿＿＿＿＿＿＿＿＿＿＿＿＿＿＿＿＿＿

22. 你覺得中心可以做的更好的三件事是？
    ＿＿＿＿＿＿＿＿＿＿＿＿＿＿＿＿＿＿＿＿＿＿＿＿＿
    ＿＿＿＿＿＿＿＿＿＿＿＿＿＿＿＿＿＿＿＿＿＿＿＿＿
    ＿＿＿＿＿＿＿＿＿＿＿＿＿＿＿＿＿＿＿＿＿＿＿＿＿

FORM0804.DOC

表格8-5　　行銷查核表——詢問焦點團體				
Y	活動	理由	期限	負責人
	選擇你想要聚焦的目標團體。	審慎挑選，因爲焦點團體固然很好，但是成本昂貴。		
	挑選同質的群體來參與。	不要把不同身分背景的人混在一起——例如工作人員與資助者，或是生意人與客戶。		
	找一個團體引導者	需要一位組織以外的人來主持會議。		
	在一個安全、中立的地點開會。	聽起來理所當然，但卻是人們常會忽略的一點。		
	請引導者依重點先後順序問問題。	把最重要的問題安排在第三個問題發問。		
	會議過程全程錄音，但不要錄影。	需要留下紀錄，但是攝影機會讓很多人感到不自在，影響團體進行。		

🔊 FORM0805.DOC

表格8-6 執行查核表

主題：詢問你的市場

可測量的成果	截止日期	負責的小組或負責的人

FORM0806.DOC

第四節　實際操作

☞ **實際操作**：警告、警告、警告！貴機構的執行長或是董事會可能會要求加長問卷：「反正我們都要寄出這些問卷了，乾脆再多加一兩個主題的問題吧！」反對！你可以怪我！這樣不但占去了人們願意填答問卷的有限時間，還會導致你努力作成的調查失去焦點。完成問卷並交回的人越少，就越沒有焦點，這樣不但沒有省錢，反而浪費錢。

☞ **實際操作**：在臚列想要在本調查中得知的資訊之清單時，也寫出你期待看到的識別資料，也許是依性別、年齡層、族群、服務據點，或其他無數資訊的分類資料。然後看看清單上的每一個問題，並問「我可以拿這個資訊作什麼？我是基於好奇，還

是基於需要而蒐集這些資訊？我能充分利用這些蒐集到的資訊嗎？」在這個部分，要對自己殘酷一點，因為人們有喜歡詢問太多資料的強烈傾向。我看過一些調查充斥著一大堆人口統計資料，但是真正的資訊卻少得可憐；這些報告幾乎連受訪者「穿幾號鞋」這樣的問題都問了，可是卻沒什麼可加以應用的實質資訊。在把個人識別資料放進最後定稿的問卷前，不妨列一張清單，並且再三地問「為什麼？為什麼？為什麼？」。

☞ **實際操作**：如果你在調查的某個部分做了改變，一定要記錄在報告中。舉例來說，假設在上一次的顧客調查中，在「我們提供的服務中，你最常使用的是哪一樣？」這個問題裡只有四個選項，但是在該次調查之後，貴機構新增兩項新的服務，因此這份調查問卷給了六個選項。即使這樣的改變是必要的，多少還是會扭曲比較性的資料，所以需要在報告中記錄所做的改變。一定要經常保持這樣的習慣，對讀者誠實以待。即使你是唯一的讀者，還是要做記錄，如此一來，往後幾年才會記得什麼改變了！

☞ **實際操作**：你已經打擾了那些提供寶貴資訊給你的人，那麼就要把事情做對。告訴他們你從中學到了些什麼，寄上一份備忘錄，或者在會務通訊裡刊登調查報告，或在員工會議宣布結果，要讓大家知道你做了詢問，很感謝他們的投入。務必要列出大部分人都提到的一些重要意見。列出所學習到的，然後告訴人們正要據以採取的行動，參見**表8-1**。

藉此不僅可以讓人們相互學習，肯定他們的付出，並且歸功於起而行的人——這是很多人嗤之以鼻的，人們常常假設自己提出的想

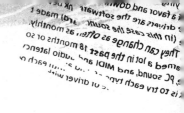

表8-1 詢問的回饋

我們學習到下列的事情，將採取下列的行動：	
項目A,B,C,D	已經進行改變，以回應這些很棒的想法。
項目E,F,H,J	已列入下一個會計年度的預算。
項目G,I,L	受限於法規，暫時無法接納這些建議。
項目K,M	董事會將在下次會議中討論這些政策改變的想法。

法會被丟進垃圾桶裡，所以不肯有所回應。相反地，告訴他們你
所獲得的資訊，同樣重要的是，機構針對這些建議做了些什麼，
讓他們知道貴機構是有回應的。

第五節　附贈光碟內的表格

表格8-7　附贈光碟內的表格

表格名稱	表格號碼	工作手冊頁數	檔案名稱	檔案格式
詢問市場自我評估	8-1	97	FORM0801.DOC	Windows的Word
行銷查核表──非正式地詢問	8-2	98	FORM0802.DOC	Windows的Word
行銷查核表──用調查來詢問	8-3	99	FORM0803.DOC	Windows的Word
市場調查範例	8-4	100-103	FORM0804.DOC	Windows的Word
行銷查核表──詢問焦點團體	8-5	104	FORM0805.DOC	Windows的Word
執行查核表	8-6	105	FORM0806.DOC	Windows的Word
附贈光碟內的表格	8-7	108	FORM0807.DOC	Windows的Word

FORM0807.DOC

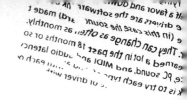

第六節　進階學習資源

<table>
<tr><td colspan="1">主題：詢問</td></tr>
<tr><td>書籍</td></tr>
<tr><td>

Focus Groups: A Practical Guide for Applied Research, 3rd edition, by Richard A. Krueger and Mary Anne Casey. Sage Publications, April 2000. (ISBN 0761920714).

Developing Questions for Focus Groups (Focus Group Kit, Vol. 3) by Richard A. Krueger. Sage Publications, September 1997. (ISBN 0761908196).

Moderating Focus Groups: A Practical Guide for Group Facilitation by Thomas L. Greenbaum. Sage Publications, November 1999. (ISBN 0761920447).

Mail and Internet Surveys: The Tailored Design Method, 2nd edition, by Don A. Dillman. John Wiley & Sons, November 1999. (ISBN 0471323543).

How to Conduct Surveys: A Step-by-Step Guide, 2nd edition, by Arlene Fink and Jacqueline B. Kosecoff. Sage Publications, April 1998. (ISBN 0761914099)

Internet Research Surveys Via Web and Email by Matthias Schonlau, Ronald D. Fricker, and Marc N. Elliott. Rand Corporation, June 2001. (ISBN 0833031104)
</td></tr>
<tr><td>軟體</td></tr>
<tr><td>

發展軟體：以下是幾個連結到附有評論的募款軟體：

www.techsoup.org/articles.cfm?topicid=2&topic=Software

http://nonprofit.about.com/cs/npofrsoftware/index.htm?terms=fundraising+software
</td></tr>
<tr><td>網站</td></tr>
<tr><td>

這三個網站可以幫助你做線上調查（小規模調查免費，大規模的則需要費用）：

www.statpac.com/online-surveys
</td></tr>
</table>

主題：詢問（續）
網站（續）
http://free-online-surveys.co.uk www.zoomerang.com 網上募款資源：一個非常完善的網站，包括軟體、顧問、組織以及其他資源的資訊： www.agrm.org/dev-trak/links.html
線上課程
Nonprofit Self-Grassroots MBA：這一套線上的課程，是為了讓你可以用自己的進度學習而設計的，而且它涵括了各種管理的技巧，包括行銷： www.mapnp.org/library/mgmnt/mba_prog.htm

9

更好的行銷素材

至此，你已經完成了很多事：找出誰是你的市場、詢問他們的需要，以及檢視相較於競爭對手，改善貴機構服務價值的方法。儘管以上這些你都做過了，還是必須費心讓大家都知道貴機構的存在、你們的服務是可以利用的，還有你是可以幫他們解決問題的。這就是行銷素材的功能。

第一節 節錄自《非營利組織行銷：以使命為導向》

行銷「素材」涵蓋甚廣：可以是傳統的三摺小冊子，或是用一個大資料夾裝的一堆傳單，可以是地方性報紙或雜誌的廣告，或是夾在汽車擋風玻璃雨刷下的傳單，它可以是你的名片，或是組織的網站，是地方性電視或廣播電台播放的促銷廣告，用直接郵件（DM）送出的通知，是面對面或在線上提供給服務對象的免費教材，是有關會員資格或捐獻的資訊，或甚至是像鑰匙圈、月曆、馬克杯等這類的促銷小贈品。對大多數的讀者來說，他們的組織除了口耳相傳、轉介，以及直接的銷售之外，也會透過上述這種種方式來促銷。

但是不管是用什麼方式，都必須面對一些相類似的問題。有不少非營利組織和營利組織一樣，在發展和適當使用行銷素材上做得很好，但也有很多組織不盡理想。這些非營利組織的做法就彷彿他們還活在古老、沒什麼競爭的經濟結構裡一樣，只把注意力放在公共關係和促銷之上，而不是行銷。這兩者之間有很大的差別。

行銷素材有一項最高指導原則：必須和目標市場相連結，而且是從顧客的觀點來看。這代表好的行銷素材會抓住顧客的心，向顧客顯示機構了解他們的需要、知道他們是誰，而且可以解決

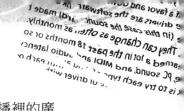

他們的問題。顧客可以透過閱讀貴機構的小冊子、聽廣播裡的廣告，或是瀏覽網站，很快地了解使用貴機構服務的好處嗎？答案如果是否定的話，那表示你們彼此間還沒有建立連結。

1・非營利組織行銷素材常見的問題

到目前為止你已經學到行銷的關鍵順序：確認市場，詢問市場的需要，然後發展或修正服務以滿足市場需要，這稱之為「市場導向」（market-oriented），這比「服務導向」（service-oriented）更好，因為服務導向的組織不太理會市場的需要，只是不停地促銷他們已有的服務。

問題在於大多數的行銷素材都是服務導向的、用行話推銷他們現有的系列服務，而且幾乎都不是訴諸市場需要的方式。這些行銷素材單調乏味、密密麻麻，大概除了寫的人以外，不會有太多人感興趣。它通常寫得很糟、看起來很不專業，而且老舊過時；完全沒寫出使用該組織服務的好處，而且也沒有任何想跟顧客相連結的企圖。

為什麼？為什麼身處一個擁有物美價廉、容易使用的軟體，品質好、成本低的彩色印表機的時代，非營利組織在行銷素材上還那麼簡省？為什麼經常要在潛在顧客、捐贈者、轉介來源、銀行業者，或是董事會成員面前，拿自己做的廣告或促銷單張自砸招牌呢？因為我們一直把需要和需求混為一談，而且一直想要用低成本做事——其實我們是在浪費金錢。

2・行銷素材中應該涵括的內容

接下來討論應該要放到行銷素材裡的內容。我建議在閱讀下列七大要素時，機構內的行銷委員會應該把現在使用的各種行銷素材、在電台和電視中播放的廣告、傳單和相關資訊都檢視一

遍。同時記住，必須和顧客相連結，讓他或她知道使用貴機構提供的服務可以獲得什麼好處。

※組織使命

如果貴機構的使命（或是慈善宗旨）很簡潔，沒有充斥著行話，那把它納入大部分的行銷素材中是再好不過了；如果它冗長到幾乎占掉90％空間的話，那就算了吧！使命，是對你的組織是誰、做什麼的定義式陳述，而且你應該以此為指導原則。

※焦點

每一份行銷素材都應該聚焦在某個目標市場或是服務內容上。先前舉例時提到的藝術博物館分別為藝術愛好者、家長和美術老師設計不一樣的簡介，是聚焦在目標市場的例子。基督教青年會專為暑期營隊、有氧舞蹈班，和籃球及足球隊等，而特別設計不同的簡介，也是聚焦在某個單項服務上的例子。不過，很重要的是，即使是在各種「服務」中，使用能和市場需要做連結的語句也是很關鍵的。如果只是把重點放在服務上，等於又退回服務導向，而不是市場導向的心態了。後面還有幾頁會提到為不同的市場設計不同的行銷素材。

※簡潔有力

說話簡短清楚的人有福了！記住，沒有人可以強迫讀者要花時間來閱讀你的素材，因此行銷素材必須要簡短，否則讀者會覺得很煩，就停下來不讀了。不要有太長的句子，或是很瑣碎的細節，只要提供必要的資訊就可以了。在此對讀者中主修英文的致上最深的歉意，貴機構印刷品（不是網站，網站可以放很多細節）應該以《今日美國》（*USA Today*）為師，它簡潔有力，大量使用

要點方式表達，沒有太多冗長的句子！讓行銷素材儘量簡短，抓住人們的注意力。

※連結

這個素材清楚地顯示出貴機構掌握了目標市場的問題嗎？同時，它明確地指出組織可以幫助他們解決這些問題嗎？如果信任讀者可以自己作出連結，而沒有特別點出來的話，那可就犯了大錯！

※外觀

前文曾提過，不應該有任何藉口讓你的素材看起來很草率、文句不通、或是紙質和圖表看起來很粗劣，這些在在都反映你是怎樣的一個組織。現在電腦的文書處理和印刷都非常便宜，所以應該沒有什麼可以阻礙你在合理的花費下，發展出看起來很專業的行銷素材。

※推薦

在某些行銷素材中，列出一些高知名度的顧客是很重要的。以一個健康照護組織為例，列出一些公司行號，顯示貴機構有資格提供這些客戶的員工醫療保險及管理式照護計畫就很重要。有的組織則需要和州或全國層級的協會（「由某某全國性協會認證合格」），或是和某個社區公認的標準相連結（「由聯合勸募資助的機構」），以證明機構的服務有一定的品質。就像其他行銷素材的內容一樣，推薦儘量簡短，而且只要列出對該素材鎖定的目標市場有意義的訊息即可。舉例來說，在美國的醫療制度下，被醫院評鑑委員會（Joint Commission on the Accreditation of Hospitals）認定合格的醫事服務機構，對轉介醫師來說可能很重要，但是對病人

而言卻是毫無意義的。因此，決定採用何種推薦文字時，要有選擇、有重點。

※進一步洽詢

一定要附上一個人們可以詢問更多資訊的方式，包括：電話號碼、服務時間和連絡人的姓名（而不是職稱）。我了解，這表示那個人一旦換工作，你就必須更新素材，但是這種有人味的做法，有以下兩方面的價值：第一，這樣做會讓人覺得有「人」的關聯，而不是面對冷冰冰的組織。第二，這樣做可以把問題直接且立即地帶向該找的人。有一件幾乎每個人都討厭的事，就是得一直等候，或者是沒完沒了地被從一個人轉接到另一個人手上，只為了詢問一些很簡單的事實、數字、時間，或是其他問題。把該找的人的名字印在小冊子上，等於簡化了整個過程，而且通常可以避免這樣的麻煩。

上面所有的事項都應該恰如其分地出現在你的行銷素材中。現在，讓我們來看看問題的另一面——應該避免的內容。

3‧行銷素材中應該避免的內容

假設你已經瀏覽過貴機構的行銷素材，而且確定上述事項都已經納入；不過在貴機構的行銷素材中，可能也有一些是應該捨去的。確實有一些內容應該避免，以下就列出七項常見的、應該從素材中拿掉的內容。

※行話

在行銷素材中最糟的得罪人的方式，莫過於使用別人不了解的語言。你不需要用把人搞迷糊的方式來讓他們印象深刻。使用

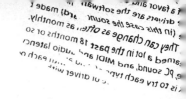

行話，等於在你和大多數的閱聽者中間放置一個障礙物。我一直主張，如果不能用小學四年級的語文程度來解釋，或是描述機構所做的事時，那你其實並不了解自己在做什麼。要簡單、清楚。記住，美國人的平均閱讀能力是中學程度。

前文曾提過，有些時候是可以使用行話的。如果該行銷素材是提供給行內專業人士看的，行話就是專業的語言，所以很適合使用。舉例來說，如果貴機構正在設計一個宣傳電腦持續教育的簡介，那ASCII、PC、icons、網際網路和數據機等用語就可能很恰當。如果機構正在舉辦勞工法令的訓練，那引用法條內容、使用勞工法令用語和議題就是很重要的。為你的閱聽者而寫！

※不合適的照片

這是個悲哀的事實：其實絕大多數的人根本不在乎貴機構的建築物長什麼樣子。你在乎，是因為你曾經為了它流血流汗、盡心盡力，還投入了一大筆錢。但是大部分行銷簡介中的建築物照片，基本上都在浪費寶貴的空間。人的照片通常比較有效果，不過如果那些照片粒子太粗糙、模糊不清、或是小到難以辨認的話，也可能是反效果的。確定你放在簡介裡的每一張照片（或圖表）都是有價值的，而且和其他內容一樣，要簡單、有重點、容易理解。同時，也要確定用在任何媒體（印刷或網路上）上的人物影像，都是合法使用的、最新的，以及授權發行的。

※沒有焦點

機構有一份一般用途的簡介並沒有錯，但是，如果只有這麼一份多用途的小冊子，或是想藉這一份多用途簡介滿足每個人，那肯定是錯了！聚焦是理想的行銷素材之核心。問問你自己：「這份傳單的目的是什麼？」如果這份素材的內容遠遠超過它所承

擔的主要目的的話，那麼幾乎可以確定是缺乏重點或是過於冗長了。

※請求捐款

除非是特別爲了募款，或說明捐贈方式而寫的信或製作的簡介，否則，請求捐款是在行銷素材的核心目的之外，而且往往會導致失焦。我知道放上去一兩句和捐贈有關的句子的確是很誘人的，特別是當機構正缺錢的時候，但是拮据的時刻總會過去，而你的某些市場卻可能因此關上大門。堅守組織的焦點！

※上歷史課

幾乎沒有人會在乎貴機構的歷史，或是組織成立了多久。前面曾提到，有些組織需要藉著像是「自1965年起服務分格湖區域」的陳述，來證明他們的經驗和穩定性；但是通常我們看到的是，人們會用四百個字鉅細靡遺地（也很折磨人地）敘說該組織的緣起。這些組織會列出創辦人、最早的幾個辦公地址，甚至會放上一些舊址照片，或是再列舉幾個歷史性的日期。

歷史本身沒有什麼錯，我們也的確可以從歷史中學習。但思考一下，像這樣背誦出貴機構的過去（不管這是如何值得讚賞的），是設計這份行銷素材的主旨嗎？應該不是吧！如果是的話，對組織發展的敘述夠簡潔和具可讀性嗎？要聚焦！

※過時

我眞的很喜歡工作人員、董事會和服務接受者穿著大喇叭褲、頂著大鬢髮，或穿著休閒服的照片，它們會讓我想要立刻跑進迪斯可舞廳去。但問題是，迪斯可舞廳已經關門，早成了歷史。老照片只會讓你被嘲笑，而不是被尊敬；它們會讓人幻想破

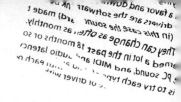

滅，會懷疑只是照片過時，還是連機構的方案也跟不上時代的腳步。再強調一次，在這個只要按下滑鼠就可以加入新照片的快速簡易軟體時代，實在沒有藉口讓機構的簡介看起來像個懷舊之作。

※無趣

如果你是某一份行銷素材的撰稿者，那你可能不夠客觀，建議找組織內或組織外的其他人來讀讀看。問他們一些嚴苛的問題：「內容很無聊嗎？會不會很囉唆？可以用更精簡的文字來述說更多的事嗎？我們有傳遞出主要的訊息、聚焦，並且和預期的閱聽者保持連結嗎？」在這一點上不要太相信你自己的直覺，要探詢一下外面的意見。我通常都對自己的寫作信心滿滿，但是它永遠可以被閱讀的朋友、同事以及（在這本書的例子上）編輯修改得更好。設法找兩三個外面的意見，這麼做可以避免可怕的無趣。

favor and down... ...k b...
...rivers are the soun... ...rdj made t
...n this case the soun... as monthly.
...ney can change as often as months or so
...ned a lot in the past 18 months or so
...C sound, and MIDI an... ...udio latenc...
...to try each typ... ...driver with each o...

第二節　基線自我評估

表格9-1　行銷素材自我評估

	是	否
我們是不是只把重點放在一個多功能的小冊子上？	-4	2
有沒有專為我們的三個主要付費者市場而設計的標的素材呢？	3	-1
有沒有針對我們的三個主要服務市場而設計的標的素材呢？	3	-2
有沒有專為轉介來源而印製的素材？	3	-3
是否至少一年一次重新檢閱和更新所有的行銷素材？	3	-2
所有的行銷素材是否有印上聯絡人姓名、電話、網站，和電子郵箱等資訊？	4	-3
我們有沒有自己的網站？	5	-5
是否至少每三十天檢查一次組織網站的瀏覽人數？	2	-2
我們的網站是否有為董事們、工作人員，和服務接受者的教育設計專區？	3	-2
我們有沒有在訓練員工如何設計並印製行銷素材上投資？	4	0
我們有專為募款而印製的行銷素材嗎？	2	0
我們有專為招募志工而印製的行銷素材嗎？	2	0
過去三年中有檢閱過我們機構的對外形象（顏色、商標、字體、紙張大小）嗎？	3	-1
得分 （直欄分數加起來寫在這）→		
總分 （把兩欄的得分加起來寫在這）→		

FORM0901.DOC

分數分析：

30-39　極佳

23-30　很好

16-22　普通

低於16——需要把重點放在你的行銷素材，而且要很快去做。

第三節　工作單和查核表

表格9-2	訓練查核表──行銷素材			
Y	訓練類別	訓練對象	期限	負責人
	行銷素材	行銷團隊		
	改善網站設計	行銷團隊		
	自行出版（desktop publishing）	行銷團隊（通常有軟體製造商或是印表機製造商會提供，查一下他們的網站）		
	會務通訊製作	行銷團隊		

FORM0902.DOC

表格9-3　行銷查核表——行銷素材

檢查一下貴機構的行銷素材，沒有該項特徵的打X。如果有需要修改的地方，將它們填入表格。

Y	好的特徵	需要修改的	期限	負責人
Y	組織的使命宣言			
Y	聚焦在一個議題或是市場			
Y	簡潔有力			
Y	問題和解決方法相連結			
Y	專業外觀			
Y	成為更多資訊的來源（名字、電話號碼和電子郵件）			
Y	壞的特徵	需要修改的	期限	負責人
Y	行話（高中程度學生可以了解每一個字的意思嗎？）			
Y	不合適的照片（一些年代已不可考的老相片）			
Y	缺乏焦點（廢話連篇）			
Y	請求捐款（除了在募款傳單上）			
Y	過時（你有提到Y2K、兩百年紀念、或是進入新世紀嗎？）			
Y	無趣（還是要去問你的高中學生）			

FORM0903.DOC

表格9-4 行銷查核表——網站

Y	活動	理由	期限	負責人
	貴機構有一個專屬網站嗎?	歡迎來到二十一世紀。		
	它有包含比貴機構紙本行銷素材更有深度的資訊嗎?	沒有必要只是將你的印刷素材電子化。維持一個網站需要投入相當的資源,不可以架設了就擺在那兒,幾乎忘了它的存在。		
	它可以讓人們用來與貴機構聯絡嗎?有專人在查閱電子郵件嗎?	要盡其所能的讓大家跟你們接觸、多了解貴機構。		
	人們可以上網捐贈嗎?	一定要有的。		
	有每兩週就檢閱這個網站的正確性與即時性嗎?	事情很快就會過時的。		
	有固定地(每個月)查看同行的網站,以尋求好點子嗎?	不要浪費時間去發明一些現成已有的東西,而且要注意你的競爭對手在做什麼。		

FORM0904.DOC

表格9-5　執行查核表		
主題：行銷素材		
可測量的成果	截止日期	負責的小組或負責的人

FORM0905.DOC

第四節　實際操作

☞ **實際操作**：做個「行話測驗」。將你的行銷素材拿給對貴機構服務一無所知的鄰居或朋友，請他們仔細看一下，然後把不太懂的字給圈起來。事前說好這不是在測驗他們的知識，而只是一個幫助你把行銷素材做得更淺顯易懂的方式。找兩三個朋友來做這個測驗，如果貴機構有發行會務通訊的話，也請他們讀一讀。不要給他們太大的負擔，每個人幫忙看一兩樣就好。藉此，我們可以從中學習到，對一般人來說什麼是行話、什麼不是。

☞ **實際操作**：上一次修改貴機構的行銷素材是在什麼時候？網站呢？商標、口號、專用信紙和其他項目呢？如果實在想不起

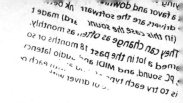

來，或是找不到檔案的話，那顯然是年代久遠了。現在就動手更新吧！就像前面說的，這樣做花費不多，而且在下一章還將會提供一些特效藥，教你如何在這個低成本科技的時代占便宜。

☞**實際操作**：永遠不要假設一個市場會自動地把自己的問題與貴機構所提供的資源連結在一起。他們不會的，平心而論，這也不是他們的任務，這是你的工作！你在詢問市場的需要時，就應該了解問題所在。這項資訊的最佳來源是焦點團體，以及第8章提到的非正式詢問，此外，也可以從一般的或是商業報章雜誌取得這方面的資訊。舉例來說，你可能會讀到美國人老覺得時間不夠用的問題。這個訊息告訴我們什麼？如果貴機構可以幫他們節省時間，就能吸引顧客上門。你也會讀到民眾關心教育及家庭解組問題，那麼，貴機構可以跟這個問題產生關聯嗎？你們有沒有提出一些具有教育性的經驗？你們有沒有針對家庭提供的服務？如果有的話，這些「引人注意的行話」就應該出現在你的行銷素材中。

☞**實際操作**：我有一個很棒的點子可以讓你用很便宜的方式，了解真實世界怎麼看這兩件事：無趣和行話。找五到七個高中二年級學生（不要高一生，也不要高三生），請他們坐下來享用披薩、可樂，還有印好的行銷素材。請他們從頭到尾讀一遍，圈出不了解的字，並且直截了當地告訴你他們覺得無趣的地方。相信我，他們會告訴你的。高二生大概十六七歲，他們還沒世故到已經聽過大部分的行話，但是他們也已經夠大到喜歡指出成年人犯的錯。試試看，我很多客戶都試過，真的有效！

第五節　附贈光碟內的表格

表格9-6	附贈光碟內的表格			
表格名稱	表格號碼	工作手冊頁數	檔案名稱	檔案格式
行銷素材自我評估	9-1	120	FORM0901.DOC	Windows的Word
訓練查核表——行銷素材	9-2	121	FORM0902.DOC	Windows的Word
行銷查核表——行銷素材	9-3	122	FORM0903.DOC	Windows的Word
行銷查核表——網站	9-4	123	FORM0904.DOC	Windows的Word
執行查核表	9-5	124	FORM0905.DOC	Windows的Word
附贈光碟內的表格	9-6	126	FORM0906.DOC	Windows的Word

FORM0906.DOC

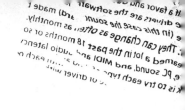

第六節　進階學習資源

主題：行銷素材
書籍
Creating Brochures & Booklets (Graphic Design Basics) by Val Adkins, 128 pages, 1st edition. North Light Books, March 1994. (ISBN 0891345175)
軟體
看看這個網站——它評論小型出版軟體： www.desktoppublishing.com/reviews 建議：同時也詢問一下賣你軟體的公司是否有網上或是面對面的訓練課程。
網站
印表機：這個網站是由Xerox經營，提供高級的印表機給合格的組織——並不是因為是非營利組織，而是要求列印達到一定數量——這永遠是個陷阱，你必須自購墨水匣。 www.freecolorprinters.com 小型出版：一個教導如何製作小型出版冊子很好的資源。 http://desktoppub.about.com/cs/brochures 免費管理圖書館的組織溝通連結： www.mapnp.org/library/commskls/cmm_writ.htm
線上課程
Nonprofit Self-Grassroots MBA：這一套線上的課程，是為了讓你可以用自己的進度學習而設計的，而且它涵括了各種管理的技巧，包括行銷： www.mapnp.org/library/mgmnt/mba_prog.htm 看看提供小型出版訓練的訓練機會： http://desktoppublishing.com/training.html

10 科技與行銷

這是一個科技、科技、科技的世界，而且讓科技成為組織行銷努力的一部分是很重要的。科技讓你的行銷變得更簡單、更便宜，但是也埋伏著一些可能會掉進去的陷阱。以下是有幾個摘自《非營利組織行銷：以使命為導向》的關鍵議題。

第一節　節錄自《非營利組織行銷：以使命為導向》

利用科技以更好、更快、更聚焦的方式行銷

哪些科技是我們可以運用到行銷努力之上的呢？非常多，而且數量與好處更是與日俱增。我們可以接受網路捐贈並記錄捐贈者；利用設計軟體管理特殊事項；可以發電子郵件給最好的顧客；組織可以在網站上，對社會大眾公開財務與方案；也可以每週更新行銷素材，並以低成本自己印刷，而且內容更有重點；可以經由特定的網站與志工、工作人員與董事會等市場，經常保持聯絡；並且可以利用電子會務通訊深入社區民眾心裡。除此之外，科技還有很多用途。但是一定有些讀者會想：「是啊，是啊。問題是我們所服務的人根本沒有電腦，也沒有電子郵箱。那該怎麼辦呢？」好吧，工作人員與董事會幾乎都可確定可以透過網路與電子郵件互動，除此而外，科技一樣可以幫忙做出更好的促銷素材，你的服務對象可能會讓你大開眼界哦！

☐ **舉例說明**：這個故事發生在1999年底，當時可說是網路的中古世紀。一位在東岸經營一所大型遊民庇護所的朋友，跟我一樣是個科技老手。某一晚他打電話來，告訴我關於一個那晚進住的人。這位朋友固定每個月都會親自接案一次，好讓自己和機

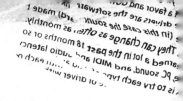

構的服務對象保持密切關係。根據描述，這個人「是個漫畫中那種無家可歸的人，如果你叫一群四年級學生畫一個流浪漢，一定會畫出那個模樣」，出現在接案桌前，我朋友接下了這個個案，由於對方是第一次使用這類庇護所，所以詢問他是透過什麼管道知道的、爲什麼選擇要住進來。這個男子看了他一下，說「嗯，我……你知道的……上網，正好看到你們的網站，看起來很不錯，所以我……就……來了。」

一個流浪漢會在哪裡上網？知道吧……在圖書館。我在各種訓練場合裡，已經把這個故事講了好幾百遍，每次講都引來哄堂大笑，我很驚訝地以爲每個人都知道流浪漢是到哪裡去上網。儘管如此，我們仍繼續相信，網路不會影響我們。它是有影響的！不要忘了，這件事是發生在久遠的1999年啊。

還要記得，會上貴機構網站的，不只限於你的服務對象。檢視一下先前所列出的市場——資助者？捐贈者？志工？工作人員？若不是全部，至少是多數的人有能力，甚至會想要以各式各樣的方式立即與貴機構接觸。服務對象是一個很重要的市場，但不是唯一的市場。

由此可見，科技可以在行銷上助我們一臂之力。然而如同前文所提及，科技不應該被當做藉口，而不去做像詢問、聆聽和回應等這類行銷基本功。更糟的是，科技的確會阻礙好的服務。

※資料蒐集／研究

爲了小孩，在我們家裡有一套百科全書——其實是兩套——一套在樓上，一套放在樓下家用電腦旁。但是99%的時間，孩子幾乎完全忽略了它們的存在，因爲網路更快、更深入，最重要的是，那是他們的習慣。我總會提醒他們書上也有好的資料。是

啊，眞落伍啊，老爸。

撇開對印刷品懷舊式的喜愛（就像這本書），要得到大多數想要的資料，還是要上網。想要了解某些產品資訊或是網站科技目前的進步水準嗎？上網吧！需要知道有關你的服務領域中表現最佳者或是標竿？可以在網上找到。想要調查哪個政府或是基金會可提供經費資助嗎？至少有四個網站在聯邦與州政府的資助下建立，甚至只要檢索到任何和你輸入的關鍵字相關的資訊時，就會主動以電子郵件告知。想要找出競爭對手的相關資訊嗎？可以透過州層級的經濟發展機構、商會，以及爲數眾多的商業性網站的資源取得。

利用網路做研究是上網的主要好處之一，利用那些既有的、日新月異的資源。

※ 網路使用

假設貴機構有一個專屬網站，但是做爲人們與你初次接觸的門面，你投入了多少時間呢？你想要讓人們在網路上可以了解貴機構的服務。爲什麼？因爲我們身處在一個當下社會裡，有越來越多的人已經習慣在網路上瀏覽，因此上面不只要有服務項目、機構地點等相關的基本資料就好，還要想想可以再爲貴機構網站增值的方法。以下是一些思考的方向：

- 人們可以從網站中很容易地找到我們的地點、服務時間以及服務內容（只要按兩下就能開啓機構的首頁）嗎？他們可以得到指引、列印地圖嗎？
- 可以在網站上預約時間、購票、查看他們的點數（以及其他任何適合貴組織的內容）？
- 網站上是否有一些資源，好讓大家更了解與貴組織有關的

議題呢？例如，以收養為核心服務的機構，有準備一套如何成為養父母、領養等的齊全資料嗎？

- 有工作人員的資料嗎？至少足以讓潛在顧客對於要來協助他們的工作人員感到自在些。有放照片，並加上簡短的介紹嗎？

- 志工（現在的或潛在的）可否透過網站，找出可以幫助貴組織的方式？

- 捐贈者可以在網上捐贈嗎？他們可以接受這種捐贈方式嗎？

- 資助者可以從網站上看到貴機構最新的認證證書、執照，或是任何其他的品質保證（例如，一張掃描的文件）？

相信你在閱讀這些時，肯定可以想到更多的方法，可以將觸角延伸到那些在網上接觸貴機構的人，滿足他們的需要，並且利用你解決問題的能力，讓他們留下深刻的印象。當然，不要猶豫在網站上詢問人們想要什麼，他們會提供很棒的回饋，以及可加以考慮的有助益之改善。

※工作人員、董事會以及顧客電子郵件

Law & Order 是我少數定期收看的電視節目之一，在過去幾年都一直在播放，似乎是一天二十四小時重播。正當撰寫本章時，我看到 1998 年的某一集講到一個年輕偵探在使用某個新科技——也就是老偵探所說的「某個電子郵件的東西」——去破案。這讓我想到，我們在非常、非常短的時間內，科技突飛猛進。就算並非整個董事會、所有的工作人員、顧客都在使用電子郵件，但大多數是在用的，對他們而言，用電子郵件溝通是預期會發生的和被喜愛的。

行銷與電子郵件可以做什麼呢？基本上兩件事：快速、便宜、有效率地溝通；不需要花任何印刷費與郵費，就可以讓你的組織持續地出現在人們面前。以下是幾件需要思考的事，其中大部分都已經被試過且證明有用。

- **利用電子郵件每週更新議題及消息**：可以把相關訊息傳給董事會、工作人員和志工們，包括：當週會議的簡短最新消息（或許分成工作人員、董事會與志工等部分），可以從網站找到上星期（或上個月的）會議的會議紀錄，新進工作人員、退休、檢定、獎項等的布告。這類電子郵件應該是簡短的，但是最後可以將它轉成線上會務通訊。
- **會議提醒**：有助於提高出席率與會前準備。以簡短的電子郵件提醒大家會議的地點、時間、主題與議程，以及應該攜帶或準備的資料。
- **請求投入／幫助**：如果你需要社區資源、需要請志工與工作人員幫忙的話，電子郵件是一個快速、能夠抓住人們注意力，並且快速回應的小技巧。
- **公告出缺**：讓所有的工作人員、董事會與志工們知道，機構正在為某個職位找人，可以一起幫忙傳播這個訊息。機構原本就很難找到並留住優秀的工作人員，何不藉此改善呢？
- **向顧客更新資訊**：我可以保證貴機構所有的付費顧客（資助者、基金會、州與地方政府）都經常性地使用電子郵件。所以，何不利用這個媒介去傳遞組織像是認證、獲獎與新服務等好消息呢？

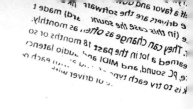

※電信

　　現在讓我們來談談電話、傳呼器及自動語音系統。電話、傳呼器和語音留言不僅幫助我們聯絡工作人員（在管理方面），也讓顧客（在行銷方面）可以聯絡到我們。爲了讓顧客滿意，你需要確定能快速地解決任何突發的問題。在目前這種當下的環境，必須能夠立即抓出問題所在、找到可以處理問題的工作人員，並且讓顧客知道問題已經很快地被解決了。電信是組織行銷及接近顧客非常、非常重要的一部分。利用它，但是要聰明地用。

第二節　基線自我評估

表格10-1　科技與行銷自我評估

	是	否
有沒有建立捐贈者、往來人士、支持者和資助者的電子郵件群組？	3	-1
有沒有設計、編輯、修正、更新和印製我們自己的行銷素材？	3	0
有沒有提供那些需要電話／呼叫器的工作人員所需的機具，以隨時保持聯絡？	3	-3
有沒有經常地就網站的內容、外觀和容易上手的程度等指標，和其他同行組織的網站相比較？	2	-1
我們有沒有線上會務通訊？	2	0
是否可以透過組織的網站接受外界捐款？	4	-3
潛在的志工能否透過網站和我們聯絡上？	1	-1
我們有能力透過網站做調查（蒐集資料）嗎？	1	-1
上班時間有沒有專人接聽來電？來電者在被轉到自動語音系統之前，是否有專人接聽？	3	-5
機構是否提供每位工作人員語音信箱？	3	-1
我們每一部電腦都有很好的病毒防制措施嗎？（沒有理由把病毒傳給你最好的顧客！）	4	-4
有定期更新和修改我們的電子郵件、文書處理、印刷、會計和募款的軟體嗎？	3	-1
我們有問過我們的付費者、賣東西給我們的人、和工作人員他們想要將款項由銀行直接轉帳或線上發帳單嗎？	3	0
得分 （直欄分數加起來寫在這）→		
總分 （把兩欄的總分加起來寫在這）→		

FORM1001.DOC

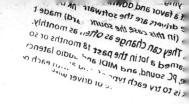

分數分析：

28-35　極佳

20-27　很好

14-19　普通

低於14──你需要更專注地將科技運用在你的行銷上。

　　在開始討論科技議題和行銷的同時，以下是一些你可以問你自己和行銷團隊的問題：

- 我們在進行行銷時有好好利用科技嗎？
- 有什麼我們可以透過電子郵件與我們的市場保持更好聯繫的方法嗎？
- 我們應該發展／擴充一個電子會務通訊嗎？
- 我們的網站還有哪裡可以做得更好？應該在網站上設有工作人員、董事會和志工的專區嗎？
- 我們可以，而且應該提供線上捐贈的機會嗎？為什麼要，為什麼不要？
- 我們有軟體、硬體以及知識嘗試去製作自己的行銷素材嗎？我們可以去參加相關的研討會試試看嗎？我們現在一年花多少錢在印刷素材上？有可能大幅降低這方面的花費嗎？
- 有其他更好的方法來進行調查和追蹤所蒐集到的資料嗎？我們可以運用現成的軟體、程式或是其他工具，好更充分地利用資料嗎？
- 對競爭對手有做什麼固定的調查嗎？可以利用網路做更多嗎？

第三節　工作單和查核表

表格10-2　訓練查核表──科技與行銷				
Y	訓練類別	訓練對象	期限	負責人
	使用電子郵件群組	行銷團隊		
	軟體訓練	行銷團隊和其他有必要的工作人員		
	網站設計	行銷團隊		
	網上會務通訊	行銷團隊		
	網上募款	發展工作人員		

FORM1002.DOC

Y	活動	理由	期限	負責人
	至少每個月查看機構網站的即時性。	如果你有一個不能用的連結，網站拜訪者會非常地不高興。		
	設法與其他類似的組織做連結；和同行協會互相做連結。	越多管道讓人們找到你，就會有越多人找你！		
	設法和Amazon.com之類的商業網站做關聯。	這會帶來收入，而且也為你的網站拜訪者提供與你的領域相關的書籍、錄影帶等。這是一個內部政治的決策。你可能不想要將你的網站商業化，因為與收入無關，所以你需要在年度財務報告990-T中加以聲明。		
	網站上有回饋機制嗎？	不難，但是要確保有人定期查看這個電子郵件，或是可以自動轉寄給負責的人。		
	人們可以在網上捐贈嗎？	如果想要有可觀的募款，就必須要這麼做。		

表格10-3　行銷查核表──科技

（續）表格10-3　行銷查核表——科技

Y	活動	理由	期限	負責人
	有線上會務通訊嗎？	是一個可以將新聞容易地、便宜地、快速地傳送給廣大且成長中的市場的絕佳方法。		
	你的網站上有給董事會和工作人員的特定專區嗎？	去設定，現在就做。設定它們和密碼是很容易的。注意這兩個主要市場的溝通和資訊需求。		
	有提供線上付款和／或下單嗎？	詢問你的主要付費者，如果這樣做對他們是有用的。跟你的往來銀行談談，如果你的支票戶頭結存保持夠高的話，是否可以免去線上費用。		

FORM1003.DOC

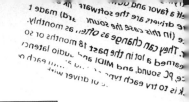

表格10-4　執行查核表

主題：科技

可測量的成果	截止日期	負責的小組或負責的人

FORM1004.DOC

第四節　實際操作

☞ **實際操作**：花一些時間學習如何在網上做研究，並且列一張你可以閱覽的網站清單。使用「書籤」（在 Netscape Navigator）或「我的最愛」（在 Internet Explorer）等功能，保留這些可以尋求經費資助的好網站、表現最佳者，以及競爭對手的一覽表。就算工作人員中有人對找資料很內行，也不要完全仰賴他們，要一起去探究，讓他們指導你如何在令人困惑的網路搜尋迷宮中定向導航。還有一個好消息：網路的下一代，稱作語義網（semantic web）──對使用者更加友善、更有反應──即將在2006年正式啟用。因此就算你不是一個科技愛好者，還是有希望的。

☞ **實際操作**：電子郵件應該只是補強，不是溝通的替代品。永遠都要記得，至少在可預見的未來裡，組織內還是會有人沒有使

用電子郵件,或者不是一天二十四小時都在接觸電腦的人(例如,只有在工作才會用到電子郵件的工作人員)。還有,不要假設大家都會一天查看他們的電子郵件四次。我一直對那些每個禮拜、甚至每個月才檢查一次電子郵件的人感到不可思議。

☞ **實際操作:**如果貴機構還沒有電子郵箱,那現在就去申請吧,也為每一位工作人員申請一個個人電子郵箱。它不貴,也是顧客所期待的,這是一個充分利用此一越來越重要的工具的最好方法。

☞ **實際操作:**不要成為所謂科技狂的犧牲者:給每一位工作人員一支電話或一個傳呼器。就算科技的成本已經大幅降低,畢竟還不是免費的。好的管理者會慎選確實需要這些配備的對象,並且定期地檢視這些需求。仔細研究一下整個機構的行動電話費帳單。手機多久被用一次?誰打給誰?這支電話的使用量值得付那些月租費嗎?傳呼器也是一樣。不只電信,電子記事本(PDA)也同樣可能掉入科技狂陷阱。要設法確保所購買的工具是真正需要的。

☞ **實際操作:**定期查看可用的科技——特別是在這個方面。一次簽下十二個月的合約,通常會附贈免費的電話與傳呼器。例如,某個客戶在一個社區擁有十種不同的設施,該組織在過去五年為四個維修工作人員換過的通訊設備,從傳呼器到行動電話,最後換成具雙向廣播功能的行動電話(想像一個行動電話與無線對講機的綜合體)。現在為四位工作人員配備這些立即聯絡工具的成本,比五年前一個傳呼器還低。

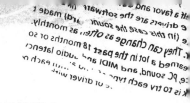

☞ **實際操作**：講到價格，你也要查查看。讓財務人員或是技術人員每三至六個月打電話給貴機構行動電話與傳呼器的提供者，要求他們給最低價格。我告訴我的客戶要這樣做，所以他們定期會寫電子郵件謝謝我，因為這樣，他們的花費減少10至50%，還附贈增加秒數、免費長途電話等優惠。如果貴機構在過去半年從沒去查的話，今天就去做！

☞ **實際操作**：貴機構的電話系統有自動語音答錄功能嗎？應該要有。是否方便使用呢？試試看：在非辦公時間打電話進來，然後計時看要多久才能留言。每個步驟的口頭指示花多久呢？工作人員的個人問候語有多長呢？盡量縮短。電話留言對顧客滿意度是很重要的，所以試著不要因無法接通而讓顧客光火。

☞ **實際操作**：再複述一次，不要只做電子郵件調查。如果在一封電子郵件中列出一大串問題，人們在回答時會感到紊亂，這樣回收的答案有時也會混淆不清或令人困惑。在每行文字的前面可能會有>>>>>符號，或者可以將問題以粗黑體標示，以利閱讀，有可能發生讀者使用的軟體無法辨識粗體字，或不能列印出HTML碼等。處理方法是：用電子郵件邀請他們參與調查，並在電子郵件內利用網站連結（因為也許有人不知道貴機構的網址），請讀者到你的網頁上回答問卷。這種在網站上做的調查，可以讓參與者更便捷地輸入資料，並有自動核對與資料列表的附加好處。有一些網站像是www.hostedsurvey.com和www.free-online-surveys.co.uk等，專門進行這種調查，也可以應用像Soft Survey和SurveyGold的軟體。此外，如果你對這個選擇有興趣，也許可以問貴機構的網路服務提供者是否提供自動統計問卷的服務。

☞ **實際操作**：為顧客回饋特別設立一個電子郵件帳號。多數的網路服務提供者會設置一個類似「feedback@（貴機構的網路位置）」的特別電子郵件帳號給特定的工作人員。利用這種帳號提高工作人員的警覺，這是顧客提供的高見，必須儘快處理。如此一來，給機構回饋的發信人也無須費心思寫郵件主旨。負責處理回饋的專人，一天至少要查看兩次電子郵件，並將這些意見轉達給適當的工作人員。

☞ **實際操作**：你最後一次打電話到自己的機構，設法聽完整個語音流程（假裝是第一次打電話，不走捷徑）是什麼時候？今天就去做做看。自己計時，看看需要花多久才能開口講話，並且完成留言？然後，對你已經知道分機的人做同樣的事，看看要花多久呢？對於首次打電話的人來說，不超過三十秒是可以接受的；對知道你分機的人，最多十秒。這表示不論是進入機構的、或是你個人的語音信箱的問候語都需要做改變。記住，在辦公時間永遠要有服務人員接聽電話，儘量讓錄音的部分越簡潔越好。

☞ **實際操作**：在撰寫本章的同時，我對網路上的聯合捐贈網站並不滿意。所謂的聯合捐贈網站是在網站上列出貴機構的名稱，然後扣掉少許手續費，所有的捐贈就會轉給貴機構。對這類網站的評價，雖然還只是初步的報告，但顯然並不看好，同時根據我的客戶組織和來上訓練課程的人反映，發現這種做法普遍令人失望。加入這些團體的理由不外乎是想要免除繳交信用卡手續費，以及省去在網站上建置捐贈功能的費用。其實這些花費並不多，尤其對一個必須靠募款來開發的組織而言，更應該不成問題。

第五節　附贈光碟內的表格

表格10-5　附贈光碟內的表格				
表格名稱	表格號碼	工作手冊頁數	檔案名稱	檔案格式
科技與行銷自我評估	10-1	136	FORM1001.DOC	Windows的Word
訓練查核表——科技與行銷	10-2	138	FORM1002.DOC	Windows的Word
行銷查核表——科技	10-3	139-140	FORM1003.DOC	Windows的Word
執行查核表	10-4	141	FORM1004.DOC	Windows的Word
附贈光碟內的表格	10-5	145	FORM1005.DOC	Windows的Word

FORM1005.DOC

第六節　進階學習資源

主題：科技
書籍
這裡是John Wiley & Sons 的非營利組織科技網站連結，讀者可以在下面這個網址得到最新的書單： www.wiley.com/remsearch.cgi?query=nonprofit+technology&field=keyword
軟體
看看給非營利組織的軟體索引： www.npinfotech.org/tnopsi/ 在TechSoup的清單：這些大多是可下載的應用工具： www.techsoup.org/sub_downloads.cfm?cg=nav&sg=resources_dl 在NonProfit expert的清單——這個網站內容既深且廣： www.nonprofitexpert.com/nonprofit_software.htm 在About.com的清單——警告：很多廣告： http://nonprofit.about.com/cs/software
網站
Ninth Bridge：這個團體幫助非營利組織處理有關科技的問題。 www.ninthbridge.org/ 非營利行銷：這兩個連結是在網路上進一步學習行銷的概念和應用很棒的地方。 http://nonprofit.about.com/cs/npomarketing www.nonprofits.org/npofaq/keywords/2n.html 也可以到我的網站中網站連結的部分，來更新科技行銷的連結： www.missionbased.com/links.htm
線上課程
Nonprofit Self-Grassroots MBA：這一套線上的課程，是為了讓你可以用自己的進度學習而設計的，而且它涵括了各種管理的技巧，包括行銷： www.mapnp.org/library/mgmnt/mba_prog.htm

11

一級棒的顧客服務

顧客服務——事實上如你所知是要追求顧客滿意！以下是從《非營利組織行銷：以使命為導向》這本書中節錄下來。

第一節　節錄自《非營利組織行銷：以使命為導向》

就算你花了許多心力弄清楚誰是你的市場、區隔他們、找出他們的需要、媒合他們的需要以及你的核心能力，還是很有可能把事情搞砸。為什麼？因為你輕忽了當下正在進行的顧客服務。記得在這本工作手冊，以及《非營利組織行銷：以使命為導向》一書的開頭，就已經指出市場導向的非營利組織了解到每一個人都是顧客（即使是付費的那些人）。因此，顧客服務是很重要的。這裡有一些從《非營利組織行銷：以使命為導向》當中摘錄出來有關成功行銷的重要概念。

顧客服務的三項規則

截至目前，即便已經提過不下二十次，我還是要再次強調：現今的環境，就是要你、工作人員、志工，都必須好好地對待每一個人，把他們奉為顧客，就算是向來被你視為眼中釘的也一樣。如果想要在現在的經濟和政治現實裡，成為一個成功的組織，就必須對每一個人——工作人員、董事會、志工、服務接受者及資助者——待之以顧客之禮。

第2章曾討論到關於「每一個人都是顧客」的議題，第6章也有更多的討論，但有鑑於它的重要性（卻常被非營利組織所忽視），本章要再深入探討，並加入一些讓工作人員及董事會一起參與的方法。以下是三個對所有的顧客提供絕佳服務的重要規則：

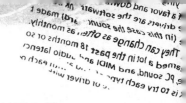

(1)顧客不一定總是對的，但是顧客永遠是顧客，所以要立刻解決問題！

(2)顧客的問題不只是問題，而是危機，所以現在就把問題解決。

(3)絕不要只滿足於優質的顧客服務——更要尋求整體的顧客滿意度。

　　成功的顧客服務（顧客滿意度！）以這三個陳述作為開端。當然不是口頭說說而已，而是內化成為一種信念，並且調整組織去實踐它。

　　首先，必須把每一個人當作顧客。這種說法對於很多讀者來說是一種勉強，甚至對某些工作人員及董事會成員來說，幾乎是難以克服的。對你而言，把一群看似好人、卻偶爾多管閒事的董事會視為顧客，也許是挺困難的。或許要你把該要監督、指導，甚至（有時）要懲處的工作人員當作顧客，確實很不容易。特別是如果你已經在規定、資助標準及監督上，和資助者爭執不休達十五年，要待他們如顧客，根本就是一項高難度挑戰。

　　但是，他們可都是不折不扣的顧客，這就是為什麼他們會出現在第6章的主要市場名單上。你可以選擇待之以顧客之禮，因而獲得更大的成功機會；或者，也可以選擇維持現狀，只是這將會大大地增加麻煩。我假設在這章餘下的部分，事實上是這本書後面的章節裡，你會為了組織的利益和你服務的人們盡最大的努力。

　　所以，每一個人都是顧客，而顧客可以犯錯，但是顧客還是顧客，有些時候他們很滿意，有時則否。

　　以下更深入地來討論每一項個規則：

※顧客不一定總是對的，但是顧客永遠是顧客，所以要立刻解決問題

實際上，我們將主題拉回到了卓越的管理。投入非營利組織管理及諮詢近三十年，我歸結出管理者需要對工作人員做的最重要一件事，就是永遠告訴他們事情的真相。這不代表你需要告訴工作人員所有的事情，但凡是告訴他們的事情必須絕對是事實，沒有例外、沒有誇張、沒有光說不練。這和行銷有什麼關係呢？大有關係，因為這會影響到我們如何激勵員工。有一句話是這樣說的「顧客永遠是對的」，眾所周知這顯然是錯誤的。我們都知道自己不夠完美，多少會犯錯，而我們自己也是其他眾多組織和企業的顧客。因此，身為顧客，我們都是容易犯錯的，你的顧客也一樣：不完美。在那些繼續向工作人員耳提面命此種古老無稽之談的組織當中，我觀察到對於管理階層以及顧客的極度憤怒，深植於員工心中。至少，這會產生不良的後果。一個更合情理的看待方式應該是——即便顧客有時會犯錯，但他們的觀點是我們該珍視的。他們是顧客，所以要有所補償。

鼓勵工作人員抱持這樣的態度，盡力克服自己對於那些老愛不當發牢騷及抱怨的顧客自然產生的憤怒，但也同時讓他們知道你了解他們所要經歷和處理的困難。

※顧客的問題不只是問題，而是危機，所以現在就把問題解決

這可能是三項顧客服務的格言當中，最具使命導向的部分。以顧客的觀點來看，如果有問題，這問題是很重要的，是非比尋常的，是獨一無二的，而且這是他們提出來的。如果你或工作人員，只因為司空見慣，就不當一回事的話，你將無法迅速地解決它，或是給予應有的同理心，這是你我都曾經以顧客的立場親自

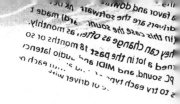

體驗過的。

　　從以上的例子可以看出，稍早所談到的顧客的觀點，顯然並沒有納入訓練中且經常地被強調。今天你也許看了五十個病患，但是這病對病患本身來說卻是獨一無二的經驗。你也許會遇到一百五十個不理性的顧客要退貨，但是他們所想要的，可能是發發牢騷，也可能要退錢，或者是換一個可以正常運轉的產品。總之，儘快把這個課題納入訓練，並經常地向員工強調，你也許會經常看到類似這樣的車子，但是我們要讓客戶可以儘快修好車上路。

　　在使命導向方面：對於那些尋求服務的人們，我們應該抱持著前文所提到的感同身受的急迫感。千萬不可以因為在這之前我們已經幫助了五百或五萬個有類似問題的人，於是就把所有的顧客、病人、學生、父母、居民或其他顧客視為理所當然。

☐ **舉例說明**：我見過最經典的一個例子，是本地醫院裡的心臟科所做的電視廣告。這個廣告相當地標準，是由一位醫生來告訴觀眾為何這個單位如此重要，並加上一些高科技環境的畫面等。廣告裡的心臟病學專家是我的朋友，在我第一次看完這個廣告之後，問他那個令人激賞的結尾語是不是他的創作，或者是行銷顧問的傑作，他回答「不，那是我們每天開會時都在說的話」。這句話是「要記住，我們在這裡每天都在做的事，是我們的病人一生一次的經驗。」

　　這是再適當不過的用法了。卓越的行銷就是卓越的使命。必須讓顧客知道你的關心：關心他們個人、他們的議題、他們的家庭、他們的問題。如果顧客都了然於胸，他們會再回來接受更多的服務，並且廣為宣揚。

現在你已經了解每一位客戶的問題不只是問題，而是一個危機。你也許自認有做到迅速、有效率地解決顧客所關心的事，但其他人呢？試試這個測驗。問你自己：在我出城兩三天，或是度假一星期的期間裡，萬一有狀況、工作人員出了差錯、顧客發生問題，接下來會發生什麼事？工作人員會當下自行解決問題嗎，還是等我回來處理？

如果你有要求工作人員自行去解決問題，那麼事後你會因為不滿意他們的處理方式而加以責怪嗎？若是這樣，下回員工肯定不會再冒這個風險，而顧客也會因此受到較差的服務。必須授能工作人員來解決顧客的問題，要指導、鼓勵、示範，然後要全心信任他們，放手讓他們獨立處理突發的狀況，因為這些狀況是極有可能發生的。

最根本問題在於：你真的有授能給工作人員去解決問題嗎？或者只是口頭說說，卻未見行動上的支持呢？授能，代表著在工作人員面對的顧客關係中，授權並支持他們。它意味著，顧客滿意度是組織裡每一位成員都認定的優先考量，而且你，身為一個主管，就像你真誠地滿足顧客一樣，也會在工作人員與顧客的關係之中，盡全力地支持他們。

正視它吧！這多少是有風險性的，所有的授權都是如此。但是我們都需要抱持從嘗試中學習的態度，況且通常最好的學習就是在犯錯的當時。就像競爭是具風險的，讓工作人員在你不在的時候解決問題也是一樣。但是如果你鼓勵創新、鼓勵進取心，指導及支持工作人員，並依照想要的成果來訓練他們，那麼絕大多數的人會因此被你帶動。你會驚訝地發現，很多工作人員解決問題或滿足需要的方式和你不大一樣，甚至經常會發現這些方法比你原來的來得更高明。這是好事。

在啟動或擴展授權之前，要先認知到其他選擇的危險性可能

超乎想像。如果你不授權員工去做顧客服務，如果你不確保每一個員工都被授權去解決顧客問題，如果你讓每一個問題都留待你親自出馬，我保證你絕對會因此而流失顧客。一個競爭的環境不會等你親自來做每一個決定，它會繼續向前進。授權工作人員去解決問題（噢！危機！），並且現在就解決它們。

favor and con...
drivers are the softwarr fik
In this case the soun(ard) made t
ey can change as often as monthly.
ned a lot in the past 18 months or so
DC sound, and MIDI and audio latency
to try each typ... ...e of driver witt each ...

第二節　基線自我評估

表格11-1　顧客服務自我評估

	是	否
所有的工作人員每年是否至少接受兩個小時的顧客服務訓練？	3	-2
我們是否訓練員工對每位服務對象都要有感同身受的急迫感？	3	0
員工是否了解每個人都是顧客，包括資助者？	2	-2
有沒有告訴工作人員，顧客雖然不一定是對的，但他們是顧客，因此現在就去解決他們的問題呢？	2	-1
有沒有授以員工去解決這些問題的權能呢？	3	-2
我們是否把重心放在顧客滿意度，而不只是顧客服務呢？	2	0
我們是否有一個系統，讓工作人員知道顧客抱怨的資訊和回饋？	2	-1
我們是否至少每年對捐贈者做一次滿意度調查？	2	-1
我們是否至少每年一次到主要工作人員工作的地方拜訪？	3	-1
得分 （直欄分數加起來寫在這）→		
總分 （把兩欄的總分加起來寫在這）→		

FORM1101.DOC

分數分析：

18-22　極佳

13-17　很好

10-12　普通

低於10──你需要檢視你的顧客服務，認真檢查，而且要快。

第三節 工作單和查核表

表格11-2 訓練查核表——顧客服務				
Y	訓練類型	訓練對象	期限	負責人
	顧客服務	所有工作人員，每年		
	建立顧客忠誠度	行銷團隊		
	處理顧客抱怨	行銷團隊		

FORM1102.DOC

a favor and do...
drivers are the software nk...
(in this case, the soun. ard) made t
They can change as often as monthly.
...rned a lot in the past 18 months or so
...PC sound, and MIDI and audio latency
...ts to try each type of...d a...with each o...
...e of driver wit...

表格11-3　行銷查核表──顧客服務

Y	活動	理由	期限	負責人
	要求所有工作人員接受顧客服務訓練。	讓每一個人了解這三個基本原則很重要。要每一個人接受訓練，同時強調每一個人都在這個行銷團隊中。		
	發展一個健全的顧客抱怨回饋機制。	確定行銷團隊有追蹤問題，而且正在想辦法解決。		
	在服務中建立滿意度評估。	確定工作人員每次都會對每個顧客問「我們的服務有什麼需要再改進的嗎？」		
	盡最大可能讓工作人員詢問顧客需要改進的地方。	線上、面訪、書寫或透過調查。提供越多讓工作人員詢問需要改進之處，他們就越會這麼做。		
	授能和要求工作人員快速解決問題。	顧客只會有危機！而你不可能隨時都在那兒待命。		

FORM1103.DOC

| 表格11-4　執行查核表 | | |
主題：行銷		
可測量的成果	截止日期	負責的小組或負責的人

FORM1104.DOC

第四節　實際操作

☞實際操作：如果你還沒有運用我之前所提的實際操作的建議，
現在是一個好時機。找一個願意以潛在顧客的身分來到貴機構
的朋友，請他們方便時隨時可以來，然後記錄他們看到所有喜
歡的和不喜歡的──甚至是最細微的小節。挑出對你的組織比較
嚴苛的朋友，強調貴機構銳意改革。參觀後請你的朋友列出這
次參觀看到的優劣點，如果他或她願意的話，進一步邀請他們
向你的行銷團隊或管理團隊提出報告。我向你保證，肯定讓人
大開眼界。

☞實際操作：當面對不滿意的顧客時，可以照著下面的檢查要項
去做：

(1)**聽完他們完整的抱怨**：不要插嘴、打斷，或任何妨礙他們發洩的動作。如果對方憤怒到要抱怨，多半希望一吐為快。不要為了更正、打斷，或急著向他們解釋，而演變成火上加油，至少也要等到他們暢所欲言，然後再詢問你想要澄清的問題。

(2)**接納顧客的觀點**：這裡有兩個可能：顧客是對的，是機構搞砸了；或者顧客是錯的，而你還沒做錯。不管是哪一個情況，要先接納他們的觀點，這是很重要的。首先，如果顧客是對的，你說，「瓊斯先生，這聽起來像是我們的錯誤，我非常抱歉，真的很感激你特別花時間打電話來。」或者，顧客是錯的，而你說，「瓊斯先生，我了解你的挫折，也很遺憾你有這樣的感覺，感謝你讓我了解這個情況。」接納你所聽到的問題，感同身受，並確定對方知道你聽到了他們的問題反映。

(3)**詢問他們的需要**：這是經常會搞砸的地方，我們在為不滿意的顧客解決問題時，從來沒去問他們要的是什麼。這是不對的。要先詢問，「瓊斯先生，請問您認為我們現在該如何做才好？」如果對方也不知道要什麼，你才提出建議。不過事情通常不是這樣的，顧客多半只希望感覺好一點，問題不要再發生。要先詢問！

(4)**千萬不要承諾做不到的事**：幫助人們時，我們會想要使顧客開心，方法之一就是有求必應。這樣做可以讓他們當下會很高興，但萬一後來我們無法兌現承諾時，相信對方會很不滿。因此，當你說，「今天就把資料寄過去。」「我們可以在一個星期內為你作第一次預約。」或者是「新顧客只需花三十分鐘即可完成登記。」這些是真的嗎？你可以言而有信不打折扣嗎？如果沒有把握，絕對不要輕易做下

承諾，要確定工作人員也都了解這一點，第一線提供服務
的員工最容易出這個紕漏。要經常對工作人員耳提面命：
只承諾你可以做到的。這裡有個很容易脫口而出的承諾，
但是卻很難達成：「瓊斯先生，我向你保證絕對不會再發
生。」聽說過墨非定律嗎？

(5)保持詳實的記錄：特別是如果你手上正好有顧客的問題、
對方申訴的內容、誰答應誰在什麼時候之前做什麼事等，
都要保留清楚的記錄。這時記錄的文件不只會保護你，也
會提醒該要做的事，讓你更能信守承諾，同時它也是一個
可以拿來和其他工作人員分享這些抱怨的好工具，以確保
才處理過的事件不致再度發生。

(6)千萬不要假設顧客是滿意的：詢問、評估、面談。如果眞
的有人來抱怨，親自打電話給那些人，此一動作可望減少
將近90％的抱怨。但是不要等到人們前來抱怨──通常只
有10％的人會這麼做，剩下90％沒有提出抱怨的人，會告
訴另外十個人，並且會誇大其詞。所以，一定要搶在顧客
抱怨之前主動處理。詢問、詢問、詢問。

☞ 實際操作：千萬不要假設一個顧客──甚至是那些對你的組
織、組織核心能力和所有服務瞭若指掌的顧客──可以或是會把
他們的問題和你的解決方法做連結。也許會，但通常是不會
的。不要坐等他們找上門，要主動出擊去拜訪、詢問、傾聽，
然後回應！這種詢問最好是非正式的，或是利用第8章所談到的
焦點團體，並且帶動所有的工作人員都成爲詢問文化的一部
分。我看過太多的組織認爲顧客太了解他們，所以轉而到他處
尋求服務，因此不知所措。或許他們是了解，至於知不知道
（或記不記得）貴機構可以爲他們及他們的問題做些什麼呢？很

明顯的，不知道。

第五節　附贈光碟內的表格

表格11-5　附贈光碟內的表格				
表格名稱	表格 號碼	工作手冊 頁數	檔案名稱	檔案格式
顧客服務自我評估	11-1	154	FORM1101.DOC	Windows的Word
訓練查核表——顧客服務	11-2	155	FORM1102.DOC	Windows的Word
行銷查核表——顧客服務	11-3	156	FORM1103.DOC	Windows的Word
執行查核表	11-4	157	FORM1104.DOC	Windows的Word
附贈光碟內的表格	11-5	160	FORM1105.DOC	Windows的Word

❧ FORM1105.DOC

第六節　進階學習資源

主題：顧客服務
書籍
Marketing Nonprofit Programs and Services: Proven and Practical Strategies to Get More Customers, Members, and Donors by Douglas B. Herron. Cloth. Jossey-Bass, October 1996. *Managing to Keep the Customer: How to Achieve and Maintain Superior Customer Service Throughout the Organization*, Revised Edition, by Robert L. Desatnick and Denis H. Detzel. Cloth. Jossey-Bass, May 1993.
軟體
就我所知沒有。
網站
有關顧客服務的免費管理圖書館： www.mapnp.org/library/customer/satisfy.htm
線上課程
Nonprofit Self-Grassroots MBA：這一套線上的課程，是為了讓你可以用自己的進度學習而設計的，而且它涵括了各種管理的技巧，包括行銷： www.mapnp.org/library/mgmnt/mba_prog.htm

12

行銷規劃的程序

　　計畫如何完成前述所有的工作，以及如何將它們整合到你、工作人員及董事會需要做的其他所有事情當中，確實是很重要的。坦白說，如果沒有一個計畫，恐怕無法完成。以下直接從《非營利組織行銷：以使命為導向》摘錄的重點，正是可以讓你達成任務的方法。

第一節　節錄自《非營利組織行銷：以使命為導向》

　　現在，是把前面相關的主題都都放進一個計畫中的時候了，這將有助於你確保把事情做好、預先分配好經費和時間，並聚焦於行銷努力。這裡有一些建議是直接從《非營利組織行銷：以使命為導向》一書中擷取的。

建立組織的行銷團隊

　　本書前文曾提到，行銷是每個人的工作，而不只是執行長或行銷總監的職責而已。每個人都是整體行銷努力中的一環，不過未必每個人都能進入發展或執行組織行銷計畫的委員會或團隊中。

　　無論如何，組織需要一個團隊，而且是一個多元廣泛、有各種不同經驗和觀點的人所組成的團隊。組織需要靠這個團隊來發展行銷計畫、設計詢問內容與方式、分配行銷預算，以及負責大部分經常性地與顧客接觸的工作。現在讓我們來看看行銷團隊的組成，並討論它的職責。相信讀者會發現，藉由發展這樣的團隊，將可以大大地改善貴機構行銷努力的成果。

※誰應該進入行銷團隊？

我一向欣賞多元廣泛的團隊或委員會，行銷團隊不應該只有董事會成員，或是僅由高階管理人員組成。想想看你的組織圖，有垂直的層級（高階主管、中階主管、第一線工作人員）和水平的面向（不同的服務方案或服務領域）。我發現一個由組織中垂直和水平的各個階層、各個面向的廣泛代表所組成的團隊，可以讓大家在當中得到最佳利益。如果讀者同意「行銷是團隊努力」，以及「每一個人都在行銷團隊中」的觀點，在組成貴機構的行銷團隊時，務必身體力行。哪些人該被納入行銷團隊呢？這些人包括：

- **執行長（CEO）**：組織中最高階的工作人員應該在團隊中，至少在選擇目標市場、行銷規劃，以及決定其他策略性議題時要參與其中，但是他或她或許不宜擔任這個委員會的召集人。
- **董事**：應該邀請一、兩位董事進入這個組織的重要團隊，特別是如果有董事會成員在他或她平常的工作中，就是從事行銷相關的工作。
- **行銷總監**：組織中職司行銷的工作人員，不只應該進入委員會，同時也最應該主持這個委員會。
- **服務總監**：無論這個頭銜指的是一或多個工作人員，負責組織核心服務的這些人，需要參與這些詢問與聆聽的過程。
- **中階和第一線工作人員**：行銷團隊需要來自組織中各種職位的人。這些人許多都比高階主管擁有更多和顧客接觸的經驗，因此他們的投入是很重要的，而這對他們來說，也

會是一個很好的職員發展經驗。

- 外聘專家：有些組織發現，在行銷團隊中有一、兩位外部人士是大有幫助的，這些人幾乎都具有某些特定的專業知能可以貢獻。

這個團隊不宜超過十到十二人，也不低於五至六個人，這是這類任務團體的最佳規模。

※行銷團隊的責任是什麼？

當組成了行銷團隊後，該做些什麼？以下是行銷團隊應該考量的成果一覽表：

- 發展一個和組織的策略規劃相搭配的行銷計畫。這個計畫應該包括策略以及年度目的（goals）、目標（objectives）和預期成效（desired outcomes）。
- 編列和執行行銷預算。
- 規劃組織進行詢問的時間表。
- 設計組織的行銷素材，並隨時更新。
- 設計組織的「外觀」和標誌，並且讓它們跟得上時代。
- 監測該行業的趨勢，並且適切地提供董事會及管理團隊建議。
- 進行適合的市場調查、焦點團體和面訪，以便隨時掌握市場的需要。
- 舉辦機構內部針對所有員工有關顧客服務、行銷、詢問和其他相關議題的適切訓練。
- 和主要的市場區塊保持定期的面對面接觸。
- 強化本身行銷專業知能的定期訓練。為團隊人員找尋外部

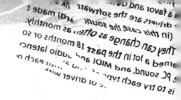

針對市場調查、面談、市場分析和行銷素材設計的教育機會，發展團隊內部的專業知能。

聽起來似乎有不少事要做，的確是如此。不過如果團隊在剛開始的六個月中，每兩個禮拜開一次會（一次二至三小時），之後固定每個月開一次會，應該會有足夠的時間完成以上所有工作。同時，為了讓讀者可以即刻著手，以下列舉了一些需要在前六個月完成的重要事項。

※前六個月的成效

以下是針對行銷團隊在前六個月可以努力之處提出建議：

• **達成共識**：團隊成員在定義和完成共同目標的方法上，達成共識是很重要的。建議所有的團隊成員一起閱讀這本書，若是有用，就可以進一步使用*Mission-Based Marketing Discussion Leader's Guide*，那是專為行銷團隊這類團體所設計的。

• **確認目標市場**：把在第6章所學到的市場確認過程操作一次，試著在「誰是目標市場」這一點上達到共識。

• **確認和每一個目標市場的接觸窗口**：可能的話，在組織的每一個目標市場，分別指派一個專人固定保持聯絡。這對資助者來說比較容易，但如果是在「青少年」、「護理之家住民」這類的目標市場上，可能較為困難。但即使是在這類範圍廣泛的市場中，也會有一些代表、倡導者、家庭成員，或是其他可以扮演這個角色的人。

• **將每個成員指派到一個目標市場區塊**：團隊中的每個成員都至少要有一個（可能會不只一個）市場做為責任區。如

此假以時日便可以發展出專業知能，而這正是機構想要的。

- 發展評估基準（benchmarks）：可以的話，檢視一下這些市場目前的狀況，多半已經有一些內部的資料可以查閱：這個市場的規模有多大？有多少回頭顧客？轉介是從哪裡來的？這些市場對我們有多滿意？受到多少抱怨？工作人員和董事會的流動率如何？顧客目前的滿意度達到何種層級？以上資訊都會進到基準設定當中。這些評估基準是組織改善的起點，如果現在不設定基準的話，之後就無從得知究竟改善了多少！

- 規劃詢問時間表：參閱《非營利組織行銷：以使命為導向》第12章第二節，可以更了解如何和為什麼要發展詢問時間表。現在就需要協調好詢問，而不是之後才做。

- 設計行銷計畫的草案：《非營利組織行銷：以使命為導向》第12章第四節有更多討論。簡單地說，在六個月之內，你一定會被逼著完成上面所有的事項，和設計出一個計畫，不過也可以發展一些目的和預期的成效。

組織的行銷團隊是整體行銷努力的關鍵要素，所以要審慎地挑選成員；提供他們支持和資源（包括暫時從原有其他任務抽離的時間），並且讓行銷成為他們最優先的事。不要把工作加給一兩位本來在機構裡就已經負荷過重的工作人員。要組成一個團隊，激勵他們，支持他們，並賦予高度期許！

第二節　基線自我評估

表格12-1　行銷規劃自我評估	是	否
我們有沒有近程的行銷計畫（三到五年）？	3	-1
董事會和工作人員有沒有參與此一行銷規劃過程？	2	-1
有沒有在組織內外宣傳這個行銷計畫？	3	-1
有沒有將服務對象、資助來源和社區納入規劃過程？	2	-1
有沒有在工作人員和董事會的會議中，定期地檢視行銷計畫的執行？	2	0
我們的行銷目的和目標是否為組織策略規劃的一部分？	2	0
我們的行銷計畫有沒有陳述組織的目標市場、核心能力，以及計畫如何去滿足市場的需要？	3	-2
我們的行銷計畫有沒有包含在策略計畫當中？	2	-1
有沒有編列足夠的預算給行銷的優先項目，包括詢問、訓練及行銷素材？	3	-2
對於董事會及工作人員而言，行銷是組織的優先考量嗎？	4	-2
得分 （直欄分數加起來寫在這）→		
總分 （把兩欄的總分加起來寫在這）→		

FORM1201.DOC

分數分析：

21-26　極佳

15-20　很好

10-14　普通

低於10——小心。你也許不想要將你的工作納入計畫當中。

不要對這個誘惑讓步。

規劃是確保落實執行的最佳方法。規劃工作的過程往往會給我們機會去排除一些最好的系統或預設中存在的問題。同時幫助你更精確地估算成本，同時讓你的行銷團隊、董事會及社區都可以參與──因此將每一個人帶進這個行銷團隊裡。

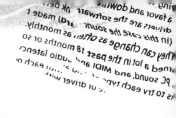

第三節　工作單和查核表

表格12-2　行銷計畫大綱

這是一個讓你參考的行銷計畫大綱的範例

1. 組織使命

2. 摘要

   一個行銷計畫的摘要包括一張目標市場和核心能力的清單，以及它們如何
   滿足市場的需要。

3. 計畫的介紹及效果

   說明運用此一計畫的理由。這個部分可以包含規劃過程的簡短詳述和它涵
   括的層級。

4. 市場的描述

   機構各主要市場的完整描述，他們的需要、數目，及該市場需要的成長或
   減少之預估。

5. 服務的描述

   機構每一項服務的描述，包括服務的人數、服務的領域或服務的優先順
   序，以及這些服務獲得的認證。

6. 市場需要的分析

   為準備此一計畫而進行的調查、面談或焦點團體之檢視。這些市場的需要
   以及他們如何配合貴機構的核心能力，應該要在此加以陳述。

7. 目標市場及選定理由

   所有的潛在市場當中，你會選擇一些少數的優先目標。在這裡更仔細的詳
   述它們雀屏中選的理由。

8. 行銷目的及目標

   目的、目標及（對於年度計畫）行動步驟可確保行銷策略被落實執行。

9. 附錄

   對於這個計畫的最起碼支援資訊。

FORM1202.DOC

表格12-3　詢問計畫表

將你的市場填入這個表格，然後決定調查方法與頻率（週期）。

方法	市場	週期	今年的期限
調查			
填入E-mail			
焦點團體			
面談（正式）			
面談（非正式）			

FORM1203.DOC

表格12-4 行銷查核表——計畫

Y	活動	理由	期限	負責人
	確認我們的行銷團隊。	你需要團隊。現在從貴組織的多元跨部門當中尋找。		
	設定前六個月的目標。	從《非營利組織行銷：以使命為導向》中的第12章，第306-307頁，找出一些合理的成果。		
	建立一套詢問計畫表。	過猶不及。這個計畫表可使你不偏離正軌。		
	撰擬一個行銷計畫草案。	從目標及目的之撰寫開始。		
	博諮眾議。	這樣會得到好的想法，並且讓工作人員及董事會感受到擁有感。		
	確定這個行銷計畫，且讓它成為組織策略規劃的一部分。	這樣可以協調行銷與其他活動。		

FORM1204.DOC

表格12-5　執行查核表

主題：計畫

可測量的成果	截止日期	負責的小組或負責的人

FORM1205.DOC

第四節　實際操作

☞**實際操作**：如同第8章曾提及，經常詢問的優點之一是，組織可藉以測知潮流的變動。問題是多「經常」才夠經常呢？在隨時隨地調查和一千年才調查一次之間，是可以找到平衡點的，一般性的指導原則如下：

- **工作人員調查**：每十八個月（一年半）做一次，這樣的間隔可以讓組織有足夠的時間來執行那些可行的建議，並產生一定的效果。

- **消費者調查**：有些一年調查一次，有些則是每六個月一次，視服務類型而定。學校可能每半年會對學生及家長做一次正式調查，而管弦樂團可能只會在一個策略規劃週期

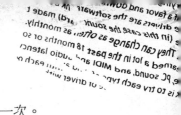

中，問資助者一次。一般而言，作者的建議是一年一次。

- 資助者：一年一次，或是在每個募款週期的尾聲時進行。
- 捐贈者：每兩年一次，或是在從事大型募款活動分析之際進行。
- 轉介者：每六個月一次。

☞ 實際操作：當你在設計詢問工具和撰寫報告（像調查報告）時，在報告的封面註明執行日期，以及下次調查的日期。譬如說，在一份工作人員工作滿意度調查報告上，寫下這個調查是在2003年6月完成的，而這份調查應該在兩年後，或是2005年6月更新。放上調查報告的更新期限，會比較可能記得再次進行調查。

第五節　附贈光碟內的表格

表格12-6　附贈光碟內的表格

表格名稱	表格號碼	工作手冊頁數	檔案名稱	檔案格式
行銷規劃自我評估	12-1	169	FORM1201.Doc	Windows的Word
行銷計畫大綱	12-2	171	FORM1202.Doc	Windows的Word
詢問計畫表	12-3	172	FORM1203.Doc	Windows的Word
行銷查核表──計畫	12-4	173	FORM1204.Doc	Windows的Word
執行查核表	12-5	174	FORM1205.Doc	Windows的Word
附贈光碟內的表格	12-6	176	FORM1206.Doc	Windows的Word

FORM1206.DOC

第六節　進階學習資源

主題：行銷計畫
書籍
Developing a Winning Marketing Plan by William A. Cohen. Cloth. John Wiley & Sons, April 1987. US$42.50.
The Marketing Plan, 2nd Edition, by William A. Cohen. Paper. John Wiley & Sons, July 1997. US$44.95.
Planning Your Internet Marketing Strategy: A Doctor Ebiz Guide by Ralph F. Wilson. Paper. John Wiley & Sons, October 2001.
Marketing Workbook for Nonprofit Organizations: Mobilize People for Marketing Success by Gary J. Stern. Wiler Foundation, March 2001.
軟體
行銷計畫軟體：
Market Plan Pro, Palo Alto Software, www.paloalto.com
網站
關於行銷規劃的免費管理圖書館：
www.mapnp.org/library/mrktng/planning/planning.htm
線上課程
Nonprofit Self-Grassroots MBA：這一套線上的課程，是為了讓你可以用自己的進度學習而設計的，而且它涵括了各種管理的技巧，包括行銷： www.mapnp.org/library/mgmnt/mba_prog.htm
Nonprofit Education：這是北美關於非營利學術方案最完整的網站。去看看這個網站，以取得它所提供最新的網路支援，其內容每月更新一次： http://pirate.shu.edu/~mirabero/Kellogg.html

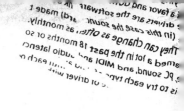

關於光碟片

系統要求

- IBM 個人電腦或相容的電腦
- 光碟機
- Windows 95或以上
- Windows Mocrosoft Word 7.0版本（包括Microsoft 轉換器*）或可以讀取Windows Mocrosoft Word 7.0版本的更新或其他文書處理軟體。

*爲了閱覽及編輯所有附帶的檔案，Word 7.0版本需要安裝Microsoft 轉換器。如果你還是無法閱覽這些檔案的話，可以從Microsoft網站上下載免費的轉換器，其網址爲http://office.microsoft.com/downloads/2000/wrd97cnv.aspx。

Microsoft還有一個可以下載讓你閱覽的閱覽器，但是無法編輯檔案。這個閱覽器可以由此網址下載http://office.microsoft. com /downloads/9798/wdvw9716.aspx。

【注意】許多普遍的文書處理軟體也可以用於閱讀Windows Mocrosoft Word 7.0版本檔案。然而，使用者應該要知道當使用非Mocrosoft Word的軟體時，些許格式會變得不太一樣。

使用這些檔案

下載檔案

為使用這些檔案，必須開啓你的文書處理軟體。選擇檔案，再由下拉目錄當中選擇開啓。選擇適當的磁碟機及位置。應該會出現一個檔案列表。如果沒有在這一個位置看到一個檔案列表，你必須在檔案型態當中選擇WORD DOCUMENT （*.DOC）。在你要開啓的檔案上連按兩下。依你的需求，編輯這個檔案。

列印檔案

如果你要列印這些檔案，請選擇檔案，再由下拉目錄當中選擇列印。

儲存檔案

完成檔案編輯時，你應該選擇檔案，由下拉目錄當中選擇儲存，並給一個新的檔名。

光碟內的表格

表格名稱	表格號碼	檔案名稱
自我評估——彈性	3-1	FORM0301.DOC
自我評估——行銷循環	3-2	FORM0302.DOC
自我評估——確認市場	3-3	FORM0303.DOC
自我評估——競爭對手	3-4	FORM0304.DOC
自我評估——詢問你的市場	3-5	FORM0305.DOC
自我評估——行銷素材	3-6	FORM0306.DOC
自我評估——科技與行銷	3-7	FORM0307.DOC
自我評估——一級棒的顧客服務	3-8	FORM0308.DOC
自我評估——行銷規劃	3-9	FORM0309.DOC
自我評估——得分總表	3-10	FORM0310.DOC
附贈光碟內的表格	3-11	FORM0311.DOC
彈性的自我評估	4-1	FORM0401.DOC
彈性的查核表	4-2	FORM0402.DOC
執行查核表	4-3	FORM0403.DOC
附贈光碟內的表格	4-4	FORM0404.DOC
行銷循環自我評估	5-1	FORM0501.DOC
行銷循環查核表	5-2	FORM0502.DOC
我們的市場是誰？	5-3	FORM0503.DOC
執行查核表	5-4	FORM0504.DOC
附贈光碟內的表格	5-5	FORM0505.DOC
誰是你的市場？	6-1	FORM0601.DOC
訓練查核表——行銷	6-2	FORM0602.DOC
行銷查核表——確認目標市場	6-3	FORM0603.DOC
我們的市場究竟想要什麼？	6-4	FORM0604.DOC
組織的核心能力	6-5	FORM0605.DOC
執行查核表	6-6	FORM0606.DOC
附贈光碟內的表格	6-7	FORM0607.DOC
競爭自我評估	7-1	FORM0701.DOC
競爭對手評估	7-2	FORM0702.DOC

favor and down... nk be...
rivers are the software rd) made t
in this case the sound...
ey can change as often as monthly.
ned a lot in the past 18 months or so
DC sound, and MIDI and audio latency
to try each type of ...d a ...n each o
...e of driver wit...

表格名稱	表格號碼	檔案名稱
競爭的查核表	7-3	FORM0703.DOC
執行查核表	7-4	FORM0704.DOC
附贈光碟內的表格	7-5	FORM0705.DOC
詢問市場自我評估	8-1	FORM0801.DOC
行銷查核表——非正式地詢問	8-2	FORM0802.DOC
行銷查核表——用調查來詢問	8-3	FORM0803.DOC
市場調查範例	8-4	FORM0804.DOC
行銷查核表——詢問焦點團體	8-5	FORM0805.DOC
執行查核表	8-6	FORM0806.DOC
附贈光碟內的表格	8-7	FORM0807.DOC
行銷素材自我評估	9-1	FORM0901.DOC
訓練查核表——行銷素材	9-2	FORM0902.DOC
行銷查核表——行銷素材	9-3	FORM0903.DOC
行銷查核表——網站	9-4	FORM0904.DOC
執行查核表	9-5	FORM0905.DOC
附贈光碟內的表格	9-6	FORM0906.DOC
科技與行銷自我評估	10-1	FORM1001.DOC
訓練查核表——科技與行銷	10-2	FORM1002.DOC
行銷查核表——科技	10-3	FORM1003.DOC
執行查核表	10-4	FORM1004.DOC
附贈光碟內的表格	10-5	FORM1005.DOC
顧客服務自我評估	11-1	FORM1101.DOC
訓練查核表——顧客服務	11-2	FORM1102.DOC
行銷查核表——顧客服務	11-3	FORM1103.DOC
執行查核表	11-4	FORM1104.DOC
附贈光碟內的表格	11-5	FORM1105.DOC
行銷規劃自我評估	12-1	FORM1201.DOC
行銷計畫大綱	12-2	FORM1202.DOC
詢問計畫表	12-3	FORM1203.DOC
行銷查核表——計畫	12-4	FORM1204.DOC
執行查核表	12-5	FORM1205.DOC
附贈光碟內的表格	12-6	FORM1206.DOC

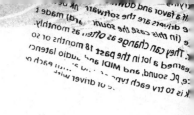

英中名詞對照

A

Advertising　廣告

Asking, about market wants　詢問，詢問市場需要

    customer service and　顧客服務與詢問

    forms:　表格

        feedback　回饋

        focus groups checklist　焦點團體查核表

        implementation checklist　執行查核表

        informal checklist　非正式查核表

        schedule for planning　規劃的進度表

        self-assessment　自我評估

        survey checklist　調查查核表

        survey sample　調查樣本

    hands-on ideas for　詢問的實際操作

    importance of　詢問的重要性

    materials for　詢問的素材

    resources for　詢問的資源

Assessment, *see* Self-assessment　評估（參見自我評估）

B

Benchmarking, *see* Self-assessment　訂定基準（參見自我評估）

Better marketing materials, *see* Marketing materials　更佳的行銷素材（參見行銷素材）

Board of Directors　董事會

    asking about competition　詢問競爭

    as customers　董事會是顧客

    e-mail and　電子郵件與董事會

Board of Directors (*continued*)　董事會

　　as internal market　董事會是內部市場

　　on marketing team　董事在行銷團隊中

Boredom, of marketing materials　無聊，無聊的行銷素材

Brevity, in marketing materials　簡潔，簡潔的行銷素材

Buildings　建築物

　　avoiding "edifice complex" about　避免「大廈情節」

　　avoiding photos of　避免建築物的照片

C

CD-ROM　光碟片

　　list of forms on　光碟片中表格的一覽表

CEO, on marketing team　執行長，行銷團隊的執行長

Change, pace of. *See also* Flexibility, of organization　變革，變革的步調
（參見彈性，組織變革）

Clientele, *see* Customer service; Customers　案主群（參見顧客服務；顧客）

Committees, changing makeup of. *See also* Teams　委員會，改變委員會的組成（參見團隊）

Communication. *See also* Marketing materials　溝通（參見行銷素材）

Competition　競爭

　　forms:　表格

　　　　assessment　競爭評估表

　　　　checklist　競爭查核表

　　　　self-assessment　競爭自我評估

　　hands-on ideas for　競爭的實際操作

　　marketing evaluation and　行銷評估與競爭

　　resources for　用來競爭的資源

　　what to know about　競爭需要知道的事

Competitive environment　競爭的環境

Complaints, *see* Customer service　抱怨（參見顧客服務）

Costs, price and　成本，價格和成本

Customers. *See also* Customer service　顧客（參見顧客服務）

    of competition　顧客的競爭

    crises of　顧客的危機

    e-mail and　電子郵件與顧客

    income base and　收入基礎與顧客

    marketing materials and　行銷素材與顧客

    surveys of　顧客調查

    value for　對顧客的價值

Customer service　顧客服務

    forms:　表格

        checklist　顧客服務查核表

        implementation checklist　顧客服務執行查核表

        self-assessment　顧客服務自我評估

        training checklist　顧客服務訓練查核表

    hands-on ideas for　顧客服務的實際操作

    resources for　顧客服務的資源

    rules of　顧客服務的規則

Cycle, of marketing　循環，行銷循環

    evaluation　行銷循環評估

    forms:　表格

        checklist　行銷循環查核表

        implementation checklist　行銷循環執行查核表

        market identification　市場確認

        self-assessment　行銷循環自我評估

    hands-on ideas for　行銷循環的實際操作

    market definition/redefinition　市場定義／再定義

    market inquiry　市場調查

    price and　價格和行銷循環

    promotion/distribution　促銷／配送

    resources for　行銷循環的資源

    service design/innovation　服務設計／創新

    successful, described　成功的行銷循環，描述行銷循環

D

Data gathering/research　資料蒐集／研究

Defining, of market　定義，市場定義

Director of services, on marketing team　服務總監，行銷團隊的服務總監

Distribution　配送

Donations　捐贈

Donors, survey of　捐贈者，捐贈者的調查

E

Edifice complex　大廈情節

E-mail　電子郵件

Empowerment, of staff　授能，授能工作人員

Evaluation, of marketing　評估，市場評估

F

Facilitators. *See also* Leadership　引導者（參見領導者）

　　resource list for　引導者的資源清單

　　rules for　引導者守則

Feedback　回饋

　　form for　回饋的表格

　　via e-mail　透過電子郵件的回饋

Fixed assets, change and　固定資產，變革和固定資產

Flexibility, of organization　彈性，組織彈性

　　forms:　表格

　　　　checklist　彈性查核表

　　　　implementation checklist　彈性執行查核表

　　　　self-assessment　彈性自我評估

　　hands-on ideas for　組織彈性的實際操作

　　high impact changes　高衝擊的變革

　　importance of　組織彈性的重要性

　　low impact changes　低衝擊的變革

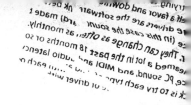

Identification/quantification (*continued*)　確認 / 量化
　　payer markets　付費者市場
　　referrers　轉介者
　　resources for　確認的資源
　　service markets　服務市場
Income statement, evaluating　收入報表，評估收入報表
Information　資訊
　　about organization　關於組織的資訊
　　in marketing materials　行銷素材的資訊
Innovation, in services　創新，服務的創新
Insurers, as internal market　保險業者，將保險業者當做內部市場
Internal markets　內部市場
Internet　網際網路
　　advertising on　在網路上廣告
　　doing research on　在網路上做研究

J

Jargon, in marketing materials　行話，行銷素材中的行話
　　testing for　行話的測試
Job postings, online　公告職位出缺，線上徵人

L

Leadership. *See also* Facilitator　領導者（參見引導者）
　　resource list for　領導者的資源清單
Letterhead, changes in　信頭，信頭的改變
Listening, about markets　傾（聆）聽，傾（聆）聽市場

M

Management　管理
　　leadership and　領導者和管理
　　on marketing team　行銷團隊的管理
　　resources for　管理的資源

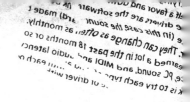

Price 價格

    charged by competition 競爭對手收取的價格

    setting of 價格的設定

Progress, monitoring of 進展，監控進展

Promises, to customers 保證，對顧客的保證

Promotion. *See also* Marketing materials 促銷（參見行銷素材）

    evaluating materials for 評估促銷的素材

Q

Quantification, *see* Identification/quantification 量化（參見確認／量化）

R

Redecoration, of office 重新裝潢，辦公室的重新裝潢

Redefining, of market 再定義，市場再定義

References, in marketing materials 推薦，在行銷素材中的推薦

Referrers 轉介者

    as market 把轉介者當做市場

    surveys of 轉介者的調查

Resource lists 資源清單

    asking markets 詢問市場資源清單

    competition 競爭資源清單

    customer service 顧客服務資源清單

    cycle of marketing 行銷循環資源清單

    facilitation and leadership 引導與領導者資源清單

    flexibility 彈性資源清單

    general management 一般管理資源清單

    market identification 市場確認資源清單

    marketing materials 行銷素材資源清單

    planning 規劃資源清單

    technology 科技資源清單

S

U

United Way, as internal market　聯合勸募，把聯合勸募當做內部市場

V

Value　價值

 for customers　顧客的價值

 price as component of　價格當作價值的成分

Voice mail, evaluating organization's　語音郵件，評估組織的語音郵件

Volunteers　志工

 asking about competition　向志工詢問競爭

 as internal market　志工是內部市場

W

Wants, of market, *see* Asking, about market wants　需要，市場需要（參見詢問，詢問市場需要）

Web site　網站

 content of　網站內容

 marketing checklist for　網站的行銷查核表

 promotion and　促銷和網站

非營利組織行銷工作手冊　　　　　社工叢書28

著　　　者／Peter C. Brinckerhoff
校 譯 者／劉淑瓊
譯　　　者／許瑞妤、鍾佳怡、董家驊、李依璇
出 版 者／揚智文化事業股份有限公司
發 行 人／葉忠賢
總 編 輯／林新倫
執行編輯／晏華璞
登 記 證／局版北市業字第1117號
地　　　址／台北市新生南路三段88號5樓之6
電　　　話／(02)2366-0309
傳　　　眞／(02)2366-0310
E - m a i l／service@ycrc.com.tw
網　　　址／http://www.ycrc.com.tw
郵撥帳號／19735365
戶　　　名／葉忠賢
印　　　刷／鼎易印刷事業股份有限公司
法律顧問／北辰著作權事務所　蕭雄淋律師
初版一刷／2004年10月
定　　　價／新台幣300元
ＩＳＢＮ／957-818-669-X
原文書名／MISSION-BASED MARKETING: An Organizational
　　　　　　　Development Workbook
Copyright © 2003 by John Wiley & Sons, Inc.
Orthodox Chinese Copyright © 2004, Yang-Chih Book Co., Ltd.
All Rights Reserved. Authorized translation from the English language
edition published by John Wiley & Sons, Inc.

國家圖書館出版品預行編目資料

非營利組織行銷工作手冊 / Peter C. Brinckerhoff
著；許瑞妧等譯；劉淑瓊校譯. -- 初版. -- 台北
市：揚智文化, 2004[民93]
　面；　公分. -- （社工叢書；28）

譯自：Mission-based marketing: an organizational
development workbook
ISBN 957-818-669-X（平裝）

1. 市場學 2. 非營利組織

496　　　　　　　　　　　　　　　　　　93015527